宁夏高等学校一流学科建设（草学学科）项目（NXYLXK2017A01）资助

宁夏植物图鉴

（第三卷）

李小伟　吕小旭　朱　强　**主编**

科学出版社

北京

内 容 简 介

　　《宁夏植物图鉴》（共4卷）是一部全面、系统介绍宁夏植物区系的专业图鉴。本卷（3）共收集宁夏维管植物52科、178属、459种（包括种下等级），在内容上用简洁的文字介绍了每种植物的中文名、拉丁名、科属分类、形态特征、产地和生境，同时借助彩色图片对每种植物的生境、叶、花和果等特征进行了全面展示，弥补传统植物志的不足，便于读者识别和掌握植物主要特征。本书集实用性、科学性和科普性于一体，是对宁夏植物区系的重要补充。

　　本书对深入研究宁夏植物分类和区系生态地理具有重要的科学意义，也可为科研、教学、环保和管理部门的工作提供参考。

图书在版编目（CIP）数据

　　宁夏植物图鉴. 第3卷/李小伟，吕小旭，朱强主编. —北京:科学出版社，2020.10

　　ISBN 978-7-03-066021-3

　　Ⅰ.①宁… Ⅱ.①李…②吕…③朱… Ⅲ.①植物-宁夏-图集 Ⅳ.①Q948.524.3-64

　　中国版本图书馆CIP数据核字（2020）第167813号

责任编辑：刘　畅／责任校对：郑金红
责任印制：师艳茹／封面设计：铭轩堂

科 学 出 版 社 出版

北京东黄城根北街 16 号
邮政编码：100717
http://www.sciencep.com

北京汇瑞嘉合文化发展有限公司印刷

科学出版社发行　各地新华书店经销

*

2020 年 10 月第 一 版　开本：787×1092　1/16
2020 年 10 月第一次印刷　印张：16 1/2
字数：422 000

定价：168.00 元

（如有印装质量问题，我社负责调换）

《宁夏植物图鉴》编委会

前　言

　　宁夏回族自治区位于中国西北内陆东部，黄河中游上段，辖区范围东经104°17′~107°39′，北纬35°14′~39°23′，全区土地总面积为 6.64 万 km²，是中国半湿润区、半干旱区向干旱区的过渡带和典型的农牧交错区。北部三面有腾格里沙漠、乌兰布和沙漠和毛乌素沙漠环绕。黄河自中卫南长滩进入宁夏，流经卫宁和银川平原，蜿蜒 397km，流至北部石嘴山市头道坎麻黄沟出境入蒙。全区是典型的大陆型气候，全年平均气温在 3~10℃，降水量南多北少，大都集中在夏季；干旱山区年平均降水 400mm，引黄灌区年平均 157mm。地势南高北低，土壤和植被呈地带性分布，土壤从北向南主要是灰钙土、黑垆土和山地灰褐土；宁夏植被水平分布南端为森林草原带，向北依次过渡为典型草原带、荒漠草原带和荒漠带，其中典型草原和荒漠草原是宁夏植被的主体。宁夏面积虽小，但生态系统多样，沙漠、荒漠、草原、湿地、森林均有，具有适宜众多植物生存和繁衍的各种生境。据《宁夏植物志》（第二版）记载，宁夏有历史记录的维管植物 1909 种，隶属 130 科 645 属。

　　近年来，随着宁夏生态文明建设的大力投入，植物多样性保护、合理开发和可持续利用野生植物资源不断推进，而植物分类人才严重短缺的情况下，急需一部科、属齐全，种类较多，能反映当前植物系统学现状和宁夏植物区系变动，且中文名、拉丁名正确，简明、实用、图文并茂的植物分类著作——《宁夏植物图鉴》，可以满足我区农、林、牧、医药、环保行业、科研和教育等部门科技人员和基层工作者对植物分类的需求。

　　《宁夏植物图鉴》（共 4 卷）记载约 1700 种维管植物；全书共分四卷：第一卷为蕨类植物、裸子植物和被子植物（从睡莲科至鸭跖草科）；第二卷从金鱼藻科至蔷薇科；第三卷从胡颓子科至杜鹃花科；第四卷从茜草科至伞形科。蕨类植物是按照蕨类植物系统发育研究组系统（Pteridophyte Phylogeny Group, PPG Ⅰ）排列；裸子植物是按照多识裸子植物分类系统排列；被子植物是按照被子植物系统发育研究组系统（Angiosperm Phylogeny Group, APG Ⅳ）排列；所有物种的中文名、拉丁名及科、属拉丁名均参照《中国植物志》、《Flora of China》、中国植物名录（China Plant Catalogue，CNPC）核对和修正；并且补充近 50 种新分布植物。本书对每种植物用简洁的文字介绍了中文名、拉丁名、科属分类、形态特征、产地和生境；并用彩色图片对每种植物的生境、叶、花和果等特征进行了全面展示，便于读者识别和掌握植物主要特征；同属种的排列按照种加词英文字母顺序。

本书是针对宁夏植物区系，集学术和科普性为一体的图书。本书的出版对深入研究宁夏地区植物资源、物种多样性以及当地生态环境保护策略等都具有重要意义，同时为宁夏地区的植物种质资源保护及其综合开发利用提供了依据。本书语言通俗易懂，图文并茂，是植物科研人员及农林工作者较好的参考书，也是广大植物爱好者认识和熟悉宁夏地区植物的工具书。

本书从标本的采集，照片的拍摄，到图鉴的编写经历数载，倾注了编者的大量心血，由于编者的学术水平有限和出版时间紧迫，难免疏漏，敬请广大读者和同行斧正。

编　者

目　录

六十三　胡颓子科　Elaeagnaceae

1. 沙棘属　*Hippophae* L.

中国沙棘 *Hippophae rhamnoides* L. subsp. *sinensis* Rousi.

落叶灌木或小乔木。枝灰褐色，具粗壮棘刺。叶互生，线形或线状披针形，两端钝尖，全缘，上面呈暗绿色，下面密被银白色鳞斑，呈银灰色，中脉明显。短总状花序生于去年生枝上，花小，淡黄色，先叶开放；雄花序轴常脱落，雄蕊 4，雌花具短梗，花萼筒囊状，萼裂片 2。果实球形，橙黄色或橘红色。花期 5 月，果期 9~10 月。

产宁夏六盘山、南华山及固原地区，生于向阳山坡、林缘或河滩地。分布于河北、内蒙古、山西、陕西、甘肃、青海和四川。

2. 胡颓子属　*Elaeagnus* L.

（1）沙枣 *Elaeagnus angustifolia* L.

落叶乔木。树皮褐色，具纵条裂。单叶互生，椭圆形、卵状椭圆形至披针形，全缘，两面被银白色鳞片，上面灰绿色，下面银白色；叶柄密被银白色鳞片。花 1~3 朵；花萼钟形，外面密被银白色鳞片，裂片 4，三角状卵形，外面密被银白色鳞片，里面黄色；雄蕊 4。果实椭圆形或近球形，橙黄色。花期 5 月，果期 9~10 月。

宁夏普遍栽培。分布于西北各省（自治区）。

（2）翅果油树 *Elaeagnus mollis* Diels

乔木或灌木。叶纸质，卵形或卵状椭圆形，顶端钝尖，基部钝形或圆形，上面深绿色，散生少数星状柔毛，下面灰绿色，密被淡灰白色星状绒毛，侧脉 6~10 对，上面凹下，下面凸起；叶柄半圆形。花灰绿色，下垂，芳香，密被灰白色星状绒毛；常 1~3（~5）花簇生幼枝叶腋；萼筒钟状，在子房上骤收缩，裂片近三角形或近披针形，顶端渐尖或钝尖，内面疏生白色星状柔毛，包围子房的萼管短矩圆形或近球形，被星状绒毛和鳞片，具明显的 8 肋；雄蕊 4；花柱直立。果实近圆形或阔椭圆形，具明显的 8 棱脊，翅状。花期 4~5 月，果期8~9 月。

宁夏彭阳县有栽培。分布于陕西和山西。

（3）牛奶子（伞花胡颓子）*Elaeagnus umbellata* Thunb.

落叶灌木。枝黄褐色，常具枝刺。叶互生，椭圆形或倒卵状椭圆形，全缘，上面呈绿色，下面密被银白色鳞片；叶柄密被银白色鳞片。花 1~5 朵；花梗密被银白色鳞片；花萼筒状，外面密被银白色鳞片，黄白色，裂片 4，三角状卵形，外面密被银白色鳞片，里面黄色。雄蕊 4。果实球形，红色。花期 6 月，果期 9~10 月。

产宁夏六盘山，生于海拔 2000~2300m 的山坡林缘、河边或山谷灌丛。分布于华北、华东、西南，以及陕西、甘肃、青海、辽宁、湖北。

六十四　鼠李科　Rhamnaceae

1. 鼠李属　*Rhamnus* L.

（1）鼠李 *Rhamnus davurica* Pall.

灌木。小枝粗壮，对生，灰褐色，顶端具芽。叶宽倒披针形、倒卵状长椭圆形、狭倒卵形至椭圆形，先端尾状渐尖至突尖，基部楔形至宽楔形，边缘具细圆钝锯齿，齿端具黑色腺点，上面绿色，疏被短柔毛，下面淡绿色，被长柔毛，脉腋具簇毛。花单性，异株，2~5 朵生叶腋。核果近球形，含 2 核。种子卵圆形，具狭长种沟，不开口。花期 5~6 月，果期 7~8 月。

产宁夏六盘山及罗山，生于山坡林下、山谷河滩灌丛或林缘。分布于黑龙江、吉林、辽宁、河北、山西等。

（刘冰　拍摄）

（2）柳叶鼠李 *Rhamnus erythroxylum* Pallas

灌木。小枝互生，顶端具针刺。叶纸质，条形或条状披针形，顶端锐尖或钝，基部楔形，边缘有疏细锯齿，两面无毛，侧脉每边 4~6 条，不明显，中脉上面平，下面明显凸起。花单性，雌雄异株，黄绿色，4 基数，有花瓣；雄花数个至 20 余个簇生于短枝端，宽钟状，萼片三角形，与萼筒近等长；雌花萼片狭披针形，有退化雄蕊，花柱 2 浅裂或近半裂。核果球形，成熟时黑色；种子倒卵圆形，淡褐色，背面有长为种子 4/5 上宽下窄的纵沟。花期 5 月，果期 6~7 月。

产宁夏贺兰山和彭阳县，生于海拔 1600~2100m 的山谷或阴坡灌丛。分布于甘肃、河北、内蒙古、青海、陕西和山西等。

（3）圆叶鼠李 _Rhamnus globosa_ Bge.

灌木。小枝对生，暗红褐色或灰褐色。叶椭圆形、长椭圆形或倒卵状长椭圆形，先端急尖，基部楔形，边缘具细圆钝锯齿，两面被短毛。聚伞花序叶腋生；花单性，雌花萼裂片4，三角状披针形，具细丝状的退化花瓣及雄蕊，子房扁球形，花柱2中裂；雄花萼片4，花瓣4，匙形，雄蕊4，稍长于花瓣，具退化雌蕊。核果球形，具2核。种子侧背具长为种子长一半的纵沟。花期6~7月，果期7~8月。

产宁夏六盘山及南华山，多生于山坡林缘或灌丛中。分布于华北及山东、江苏、浙江、安徽、湖北、河南、陕西、甘肃、青海、四川、云南等。

（4）钝叶鼠李 _Rhamnus maximovicziana_ J. Vass.

多分枝灌木。叶在长枝上对生或近对生，在短枝上丛生；叶椭圆形或卵状椭圆形，边缘全缘或疏具浅钝齿，上面绿色，下面淡绿色，两面无毛，侧脉2~3对。花单性，黄绿色，萼钟形，无毛，萼裂片4，直立，卵状披针形；无花瓣；雄蕊4，具退化雌蕊；雌花无花瓣，子房扁球形，花柱2裂至中部。果实扁球形，具2粒种子。种子倒卵形，背面具长为种子

1/2 的纵沟。花期 5~6 月，果期 7~9 月。

产宁夏贺兰山，生于海拔 1500~2000m 的干旱山坡灌丛。分布于甘肃、河北、内蒙古、陕西、山西、四川等。

（5）小叶鼠李 _Rhamnus parvifolia_ Bge.

灌木。小枝灰色或灰褐色，先端成针刺。叶在短枝上簇生，菱状倒卵形或倒卵形，边缘具圆钝细锯齿，仅脉腋的腺窝具簇毛。聚伞花序叶腋生，具 1~3 朵花；花单性；花萼 4 裂，裂片披针形；花瓣 4，倒卵形，长为萼裂片的 1/3；雄蕊 4，与花瓣对生。核果球形，具 2 核。种子倒卵形，背面具长为种子 4/5 的纵沟。花期 5~7 月，果期 8~9 月。

产宁夏六盘山、南华山及贺兰山，生于干旱的向阳山坡、草丛或灌丛中。分布于黑龙江、吉林、辽宁、内蒙古、河北、山西、山东、河南、陕西等。

（6）甘青鼠李 *Rhamnus tangutica* J. Vass.

灌木。枝红褐色或暗褐色，枝端成针刺。叶片长椭圆形，倒卵状长椭圆形或卵圆形，边缘具细钝锯齿，上面疏被短毛，下面仅脉腋腺窝内疏具短毛。花单性，雌雄异株，10 数朵花集生于短枝上。核果倒卵状球形，具 2 核；种子背面具长为种子 4/5 的开口纵沟。花期 5~6 月，果期 7~9 月。

产六盘山、南华山及罗山，生于海拔 2300~2500m 的山谷林缘或灌丛。分布于河南、陕西、甘肃、青海、四川、西藏等。

（7）高山冻绿 *Rhamus utilis* Decne. var. *szechuanensis* Y. L. Chen et P. K. Chou

灌木。小枝灰绿色，密被短柔毛，顶端具芽。叶椭圆形、长椭圆形或倒卵状椭圆形，边缘具细圆钝锯齿，齿端具黑色腺点，上面绿色，疏被短伏毛，下面淡绿色，沿脉被柔毛。花单性，异株；雌花萼裂片 4，披针形，花瓣小，4 个，退化雄蕊极短，子房球形，花柱 2 中裂，稀 3 裂；雄花萼片 4，无花瓣，雄蕊 4，具退化雌蕊。核果球形，含 2 核。种子背面具纵沟。花期 5~6 月，果期 7~9 月。

产宁夏六盘山，生于海拔 1800m 左右的山坡杂木林下。分布于甘肃、陕西、河南、河北、山西、安徽、江苏、浙江、江西、福建、广东、广西、湖北、湖南、四川、贵州等。

2. 枣属 *Ziziphus* Mill.

（1）枣 *Ziziphus jujuba* Mill.

落叶小乔木。长枝呈之字形曲折，具 2 个托叶刺。叶纸质，卵形，卵状椭圆形，或卵状矩圆形；基部稍不对称，近圆形，边缘具圆齿状锯齿，基生三出脉。花黄绿色，两性，5基数，单生或 2~8 个密集成腋生聚伞花序；花萼片卵状三角形；花瓣倒卵圆形，基部有爪，与雄蕊等长；花盘厚，肉质，圆形，5 裂。核果矩圆形或长卵圆形；种子扁椭圆形。花期5~7 月，果期 8~9 月。

宁夏普遍栽培，以中宁、灵武、中卫等市（县）为最多。全国各地广泛栽培，而主产于黄河中下游。

（2）酸枣 *Ziziphus jujuba* Mill. var. *spinosa* (Bge.) Hu ex H. F. Chow

灌木或小乔木。小枝常呈"之"字形弯曲，灰褐色，具刺，刺 2 种，一为细长针状刺，一为短刺，呈弯钩状；脱落枝黄绿色，被短柔毛。单叶互生，长椭圆状卵形至卵形，先端钝，有时微凹，基部圆形，偏斜，边缘有钝锯齿，基部 3 出脉。聚伞花序叶腋生，具 2~4朵花；萼裂片 5，卵形或卵状三角形；花瓣 5，膜质，勺形；雄蕊稍长于花瓣。核果近球形。花期 5~6 月，果期 9~10 月。

产宁夏贺兰山、罗山、香山和西华山，生于干旱石质滩地或山谷。分布于东北、华北及山东、浙江、江苏、安徽、湖北、河南、陕西、甘肃、新疆、四川、贵州等。

六十五 榆科 Ulmaceae

1. 刺榆属 *Hemiptelea* Planch.

刺榆 *Hemiptelea davidii* (Hance) Planch.

小乔木。树皮深灰色，条裂；幼枝灰褐色，具坚硬粗刺。叶椭圆形，边缘具单锯齿，表面深绿色。花黄绿色。果实斜卵形，扁平，背部具狭翅，翅端渐缩成喙状。

宁夏六盘山区村庄附近常见栽培。分布于吉林、辽宁、内蒙古、河北、山西、陕西、甘肃、山东、江苏、安徽、浙江、江西、河南、湖北、湖南和广西。

2. 榆属　*Ulmus* L.

（1）春榆 *Ulmus davidiana* Planch. var. *japonica* (Rehd.) Nakai

落叶乔木。树皮深灰色，不规则剥裂，粗糙；小枝褐色，有时具木栓质翅。叶倒卵状椭圆形，先端渐尖，基部宽楔形，边缘具重锯齿。花先叶开放，簇生于前一年生枝条的叶腋；花被片4个；雄蕊4个。翅果扁，倒卵形。花期4月，果期5月。

产宁夏六盘山，生于海拔 2200m 左右的向阳山坡、林缘。分布于黑龙江、吉林、辽宁、内蒙古、河北、山东、浙江、山西、安徽、河南、湖北、陕西、甘肃及青海等。

（2）圆冠榆 *Ulmus densa* Litw.

落叶乔木。枝条直伸至斜展，树冠密，近圆形。叶卵形，先端渐尖，基部多少偏斜，一边楔形，一边耳状，边缘具钝的重锯齿或兼有单锯齿。花在去年生枝上排成簇状聚伞花序。翅果长圆状倒卵形、长圆形或长圆状椭圆形，除顶端缺口柱头面被毛外，余处无毛，果核部分位于翅果中上部，上端接近缺口。花果期4~5月。

宁夏银川等市县的公园及道路边有栽培。原产苏联，新疆、内蒙古及北京引种栽培。

（3）旱榆（灰榆）***Ulmus glaucescens* Franch.**

小乔木或灌木状。老枝灰白色，无毛。叶卵形、卵状椭圆形至狭卵形，基部偏斜，边缘具单锯齿；叶柄被短毛。翅果较大，倒卵形，种子位于翅果中央；果柄被短毛。花期 5月，果期 6月。

产宁夏贺兰山、罗山、香山及西华山，生于海拔 1500~2400m 的向阳干旱山坡、沟底或石崖上。分布于辽宁、河北、山东、河南、山西、内蒙古、陕西、甘肃等。

（4）裂叶榆 ***Ulmus laciniata* (Trautv.) Mayr.**

落叶乔木。树皮淡灰褐色或灰色，浅纵裂。叶倒卵形、倒三角状、倒三角状椭圆形或倒卵状长圆形，先端通常 3~7 裂，裂片三角形，渐尖或尾状，基部明显地偏斜，每边有侧脉10~17 条。花在去年生枝上排成簇状聚伞花序。翅果椭圆形或长圆状椭圆形。花果期 4~5 月。

宁夏部分城市有栽培。分布于黑龙江、吉林、辽宁、内蒙古、河北、陕西、山西及河南。

（5）榆 *Ulmus pumila* L.

乔木。树皮深灰褐色，纵裂。叶倒卵形，边缘具单锯齿。花簇生于前一年生或当年生枝的叶腋，有短梗；花被片 4~5 个；雄蕊 4~5 个；子房扁平，花柱 2。翅果近圆形，先端具凹缺，种子位于翅果的中央。花期 4 月，果期 5 月。

宁夏全区普遍栽培。分布于东北、华北、西北至长江流域。

六十六　大麻科　Cannabaceae

1. 大麻属　*Cannabis* L.

大麻 *Cannabis sativa* L.

一年生草本。茎直立，灰绿色，有纵棱，密生柔毛。掌状复叶，有 3~9 个小叶片构成；小叶无柄，披针形，边缘具粗锯齿；叶柄被短绒毛。雄花黄绿色；雌花绿色。瘦果扁卵形，外包宿存的黄褐色苞片。花期 8~9 月，果期 9~10 月。

宁夏普遍栽培，为重要纤维植物。我国各地也有栽培或沦为野生。

2. 葎草属 *Humulus* L.

（1）啤酒花 *Humulus lupulus* L.

多年生草本。茎缠绕，茎和叶柄密被柔毛并具倒生刺。叶对生，卵形，不裂或 3~5 深裂。花单性，雌雄异株；雄花序为圆锥花序，花被片 5，长圆形，雄蕊 5；雌花序为穗状花序，卵圆形，苞片卵状披针形，内面基部具黄色透明腺体，每苞腋内生 2 朵雌花，每雌花具 1 小苞片，包围雌花。果穗长椭圆体状，宿存苞片膜质且增大。瘦果扁球形。花期 8 月，果期 9~10 月。

宁夏六盘山有分布，生于沟谷灌丛边缘。新疆和四川有分布，我国各地多栽培。

（2）葎草 *Humulus scandens* (Lour.) Merr.

一年生草本。茎蔓生，茎及叶柄均具倒生刺。叶对生，叶片掌状 5~7 深裂。雄花序圆锥状；花小，苞片卵状披针形，花被片披针形，黄绿色；雄蕊与花被片近等长；雌花和苞片集成近圆形的穗状花序；苞片卵状披针形；花被片灰白色。瘦果扁球形，褐红色。花期 7~8 月，果期 9~10 月。

产宁夏六盘山，多生于海拔 2100m 左右的山坡、路旁、村庄附近。我国除新疆、青海外，南北各地均有分布。

3. 朴属　*Celtis* L.

黑弹树（小叶朴）*Celtis bungeana* Bl.

乔木。树皮淡灰色，平滑；小枝褐色。叶卵形或卵状披针形，基部偏斜，近圆形，边缘中部以上具钝锯齿。核果近球形，成熟时紫黑色。花期5月，果期6~9月。

产宁夏贺兰山和固原须弥山，生于向阳山坡或半阴坡山崖。分布于辽宁、河北、河南、山东、陕西、甘肃、云南及长江流域。

六十七　桑科　Moraceae

1. 桑属　*Morus* L.

（1）桑（家桑、桑树）*Morus alba* L.

落叶乔木。树皮浅灰褐色，纵裂。叶卵形，先端尖具长尾尖，基部圆形或微心形，边缘具粗钝锯齿，或幼树上叶有各种分裂，表面无毛，背面沿叶脉及脉腋有疏毛；叶柄微有毛。雄花序花被片长卵形，先端尖，表面密生细毛；雌花序花被片阔倒卵形，无毛；无花柱，柱头2裂。聚花果白色或紫褐色。花期5月，果期6~7月。

宁夏全区普遍栽培。我国东北、西南、西北各地均有栽培。

（2）蒙桑 *Morus mongolica* Schneid.

小乔木或灌木。树皮灰褐色，纵裂。叶长椭圆状卵形，先端尾尖，基部心形，边缘具三角形单锯齿，稀为重锯齿，齿尖有长刺芒，两面无毛。雄花花被暗黄色，外面及边缘被长柔毛，花药 2 室，纵裂；雌花序短圆柱状，总花梗纤细。雌花花被片外面上部疏被柔毛，或近无毛；花柱长，柱头 2 裂，内面密生乳头状突起。聚花果成熟时红色至紫黑色。花期 3~4月，果期 4~5 月。

产宁夏贺兰山，分布于海拔 1400~1500m 的阳坡及山麓。分布于黑龙江、吉林、辽宁、内蒙古、新疆、青海、河北、山西、河南、山东、陕西、安徽、江苏、湖北、四川、贵州、云南等。

（朱鑫鑫　拍摄）（朱鑫鑫　拍摄）（朱鑫鑫　拍摄）

2. 构属　*Broussonetia* L'Hert. ex Vent.

构树 *Broussonetia papyifera* (L.) L'Hert. ex Vent.

乔木。树皮暗灰色。叶螺旋状排列，广卵形至长椭圆状卵形，先端渐尖，基部心形，两侧常不相等，边缘具粗锯齿，不分裂或 3~5 裂，小树之叶常有明显分裂，表面粗糙。花雌雄异株；雄花序为柔荑花序，粗壮，花被 4 裂，裂片三角状卵形；雌花序球形头状，花被管状，顶端与花柱紧贴，子房卵圆形。聚花果，成熟时橙红色，肉质。花期 4~5 月，果期 6~7 月。

宁夏西吉县及银川市中山公园有栽培。分布于我国南北各地。

六十八　荨麻科　Urticaceae

1. 冷水花属　*Pilea* Lindl.

透茎冷水花 *Pilea pumila* (L.) A. Gray

一年生草本。茎无毛。叶近膜质，同对的近等大，菱状卵形或宽卵形，先端渐尖、尖或钝尖，基部常宽楔形，有牙齿，两面疏生透明硬毛，钟乳体线形，基出脉，侧脉不明显。花雌雄同株，常同序，雄花常生于花序下部，花序蝎尾状，密集。雄花花被片 2（3~4），近舟形，近先端有短角。雌花花被片 3，近等大，或侧生 2 枚较大，线形，果时长不及果或与果近等长。瘦果三角状卵圆形。花期 6~8 月，果期 8~10 月。

产宁夏六盘山，生于山坡林下或岩石缝的阴湿处。除新疆、青海、台湾和海南外，分布几乎遍及全国。

2. 艾麻属　*Laportea* Gaudich.

（1）艾麻 *Laportea cuspidata* (Wedd.) Friis

多年生草本。茎具螫毛和反曲的微柔毛。单叶互生，叶片宽卵形或近圆形，先端凹裂中具尾状长尖，基部圆形或浅心形，边缘具粗齿牙。花单性，雌雄同株，雄花序生于雌花序之下；雄花萼片 5 个，雄蕊 5 个；雌花序生于茎梢叶腋，雌花萼片 4 个，不等大，果时增大；柱头线形。瘦果斜卵形。花期 7~8 月，果期 9~10 月。

产宁夏六盘山，生于海拔 1700m 左右的山谷林下或水沟旁。分布于河北、山西、河南、安徽、江西、湖南、湖北、陕西、甘肃、四川、贵州、广西、云南和西藏。

（2）**珠芽艾麻** *Laportea bulbifera* (Sieb. et Zucc.) Wedd.

多年生草本。茎常呈"之"字形弯曲；珠芽 1~3 个，常生于不生长花序的叶腋。叶卵形至披针形，先端渐尖，基部宽楔形或圆形，边缘自基部以上有牙齿或锯齿，基出脉 3。花序雌雄同株，圆锥状。雄花花被片 5，雄蕊 5。雌花具梗，花被片 4，不等大。瘦果圆状倒卵形或近半圆形。花期 6~8 月，果期 8~12 月。

产宁夏六盘山，生于海拔 1000~2400m 山坡林下或林缘路边半阴坡湿润处。分布于东北及山东、河北、山西、河南、安徽、陕西、甘肃、四川、西藏、云南、贵州、广西、广东、湖南、湖北、江西、浙江和福建。

3. 荨麻属　*Urtica* L.

（1）麻叶荨麻（焮麻、蝎子草）*Urtica cannabina* L.

多年生草本。具匍匐根茎。茎直立，具纵棱，被螫毛。单叶对生，掌状3全裂，裂片羽状深裂；叶柄被螫毛。花单性，雌雄同株或异株；花序聚伞状，被螫毛；雄花花被片4，雄蕊与花被片同数且对生；雌花花被片4，基部三分之一合生，背面生螫毛，2片背生的花后增大。瘦果宽椭圆状卵形。花期6月，果期9月。

产宁夏贺兰山、罗山、六盘山、南华山和月亮山等处，多生于海拔2400m左右的干旱山坡、路边及村庄附近。分布于新疆、甘肃、四川、陕西、山西、河北、内蒙古、辽宁、吉林和黑龙江。

（2）宽叶荨麻　*Urtica laetevirens* Maxim.

多年生草本。茎直立，具纵棱。叶宽卵形，边缘具大形粗锯齿，两面均疏生细毛及螫毛；叶柄具螫毛。花单性；花序穗状或聚伞状，数个生于叶腋；雄花花被片4，背部生短伏毛，雄蕊与花被片同数对生；雌花花被片4，里面2片花后增大，宽卵形。瘦果卵形，包藏于增大的花被片内。花期7月，果期8~9月。

产宁夏六盘山，多生于海拔2600m左右的山坡林下或林缘阴湿处。分布于辽宁、内蒙古、山西、河北、山东、河南、陕西、甘肃、青海、安徽、四川、湖北、湖南、云南和西藏。

4. 墙草属 *Parietaria* L.

墙草 *Parietaria micrantha* Ledeb.

一年生草本，全株无螫毛。茎细，柔弱。叶互生，卵形、菱状卵形，基部圆形，全缘。花杂性，在叶腋组成具3~5朵花的聚伞花序，两性花生于花序下部，其余为雌花；苞片狭针形，两性花花被4深裂；雄蕊4，与花被裂片对生；雌花花被筒状钟形，先端4浅裂，花后成膜质，宿存；子房椭圆形。瘦果稍扁平。花期7~8月，果期8~9月。

产宁夏六盘山和贺兰山，生于山谷湿处和岩石下阴湿处。分布于新疆、青海、西藏、云南、贵州、湖南、湖北、安徽、四川、甘肃、陕西、山西、河北、内蒙古、辽宁、吉林和黑龙江。

六十九　壳斗科　Fagaceae

栎属　*Quercus* L.

蒙栎 *Quercus mongolica* Fischer ex Ledebour

落叶乔木。树皮深灰色，纵裂。叶片倒卵形至长倒卵形，叶缘 7~10 对钝齿或粗齿，侧脉每边 7~11 条。雄花花被 6~8 裂，雄蕊 8~10；雌花序有花 4~5 朵，通常只 1~2 朵发育，花被 6 裂，花柱短，柱头 3 裂。壳斗杯形，包着坚果 1/3~1/2，壳斗外壁小苞片三角状卵形，呈半球形瘤状突起。坚果卵形至长卵形。花期 4~5 月，果期 9 月。

产宁夏六盘山和罗山，生于向阳山坡。分布于黑龙江、吉林、辽宁、内蒙古、河北、山西、陕西、甘肃、青海、山东、河南、四川等。

七十　胡桃科　Juglandaceae

1. 枫杨属　*Pterocarya* Kunth

枫杨 *Pterocarya stenoptera* C. DC.

高大乔木。偶数稀奇数羽状复叶，叶轴具窄翅；小叶多枚，无柄，长椭圆形或长椭圆状披针形，先端短尖，基部楔形至圆，具内弯细锯齿。雄葇荑花序单生于去年生枝叶腋，雌葇荑花序顶生。果序长 20~45cm，果长椭圆形，果翅条状长圆形。花期 4~5 月，果期 8~9 月。

宁夏银川市有栽培。分布于陕西及华东、华中、华南及西南东部。

2. 胡桃属　*Juglans* L.

（1）胡桃（核桃）*Juglans regia* L.

乔木。树皮淡灰色，幼时平滑，老时纵裂。奇数羽状复叶，小叶 5~9 片，椭圆形，顶生小叶通常较大，基部楔形，侧生小叶基部偏斜，全缘。雄蕊 6~40 个；雌花序具 1~3 朵花，总苞具白色腺毛，花柱短，柱头 2 裂，赤红色。核果球形。花期 4~5 月，果期 9~10 月。

宁夏普遍栽培。原产欧洲及中亚，我国普遍栽培，而以华北和西北为主要产区。

（2）野胡桃（山核桃）*Juglans mandshurica* Maxim.

乔木。树皮灰褐色，具纵沟纹。奇数羽状复叶，小叶 9~17，无柄，卵形，先端渐尖，基部圆形，边缘具细锯齿，两面被星状毛。雌花序为穗状花序，具 5~10 朵花。核果卵圆形，先端尖，被腺毛，果核卵圆形，先端具突尖，具 6~8 条纵脊。花期 5~6 月，果期 9~10 月。

产宁夏六盘山，生于坡底林缘。分布于甘肃、陕西、山西、河南、湖北、湖南、四川、贵州、云南和广西。

（江建强　拍摄）

（3）**黑核桃 *Juglans nigra* L.**

落叶乔木。树冠圆形或圆柱形。树皮暗褐色或灰褐色，纵裂深。奇数羽状复叶，小叶 15~23 片，椭圆状卵形至长椭圆形，叶柄极短，叶缘有不规则的锯齿，背面有腺毛；雄花穗状花序，着生在侧芽处；雌花序有小花 2~5 朵簇生。核果卵球形或梨形，浅绿色，被茸毛。花期 4~5 月，果期 8~9 月。

银川市和中宁县有栽培。原产美国东部地区。

七十一 桦木科 Betulaceae

1. 桦木属 *Betula* L.

（1）红桦 *Betula albo-sinensis* Burk.

落叶乔木。树皮橘红色或紫红色，有光泽，薄纸状层状剥落。叶卵形或卵状椭圆形，边缘具不规则的重锯齿。果序单生于短枝顶端，圆柱形；果苞边缘具毛，中裂片细长，线状倒披针形，先端钝或尖，侧裂片斜伸，与中裂片等宽或稍宽。小坚果倒卵圆形。花期6月，果期9~10月。

产宁夏六盘山，生于海拔2200~2400m的山坡上，与其他阔叶树混生。分布于湖北、河北、河南、陕西、甘肃、青海、四川、云南等。

（2）白桦 *Betula platyphylla* Suk.

落叶乔木；树皮白色，成厚革质层状剥落。叶三角状卵形或菱状宽卵形，先端渐尖，基部宽楔形或截形，边缘具不规则的重锯齿。果序圆柱形，单生叶腋，下垂；果苞中裂片短，先端尖，侧裂片横出，钝圆，稍下垂。小坚果倒卵状长圆形。花期5~6月，果期8月。

产宁夏贺兰山、罗山、南华山及六盘山，常生于山沟及山坡上，与其他树种混生。分布于东北、华北及陕西、河南、甘肃、四川、云南等。

（3）糙皮桦 *Betula utilis* D. Don.

落叶乔木。树皮暗红褐色，光滑，厚纸状层状剥落。叶宽卵形、卵形至矩圆形，边缘具不规则的重锯齿。果序单生或 2 个着生于短枝的顶端；果苞中裂片较长，尖或钝，侧裂片斜伸，圆钝。小坚果卵形。

产宁夏六盘山，多生于海拔 2400~2800m 的高山上，与其他阔叶树混生。分布于河北、河南、陕西、甘肃、青海、四川、云南及西藏等。

2. 榛属 *Corylus* L.

（1）榛（榛子）*Corylus heterophylla* Fisch.

灌木。树皮灰褐色。叶宽倒卵形，基部深心形，边缘具重锯齿，侧脉 7~8 对，背面明显隆起；叶柄被柔毛和腺毛。坚果 1~6 个簇生，扁球形，浅褐色，上部露出于总苞之外；总苞钟状，先端不规则浅裂，裂片卵状披针形，基部有 6~9 个锐三角形具疏齿的裂片，外面密生柔毛。花期 5~6 月，果期 10 月。

产宁夏六盘山，生于海拔 1600~2000m 的山坡灌丛或林缘。分布于黑龙江、吉林、辽宁、河北、山西和陕西。

（2）毛榛（角榛）Corylus mandshurica Maxim.

灌木。老枝灰褐色，无毛。叶椭圆，先端圆形，具骤长尖，基部斜心形，边缘中部或1/3 以上具浅裂，边缘具重锯齿，侧脉 6~7 对。坚果 2~3 个簇生于枝端，总苞在坚果以上收缩成长管状，外面密被黄褐色粗毛及刺毛，具纵棱，先端裂片披针形；坚果球形，包藏于总苞内不外露。花期 5 月，果期 9~10 月。

产宁夏六盘山及罗山，生于灌丛、林缘。分布于东北、华北及陕西、甘肃、青海、四川等。

3. 虎榛子属　*Ostryopsis* Decne.

虎榛子 *Ostryopsis davidiana* Decne.

灌木。老枝灰褐色，无毛。叶卵形至宽卵形，先端渐尖，基部心形，边缘具不规则的重锯齿，侧脉 7~10 对；叶柄密生绒毛。雄花序单生于前一年生枝条的叶腋；雌花序生当年生枝顶端，6~14 个簇生；总苞管状，外面密被黄褐色绒毛，成熟时沿一边开裂，先端常 3 裂。小坚果卵形，略扁，深褐色。花期 5 月，果期 7~8 月。

产宁夏贺兰山、罗山、黄卯山、南华山、香山及六盘山，多生于林缘或向阳山坡灌丛中。分布于辽宁、内蒙古、河北、山西、陕西、甘肃和四川。

4. 鹅耳枥属　*Carpinus* L.

鹅耳枥 *Carpinus turczaninowii* Hance

乔木。树皮深褐色，浅裂；小枝黑褐色。叶卵形，偏斜，边缘具不整齐的重锯齿，侧脉 13~15 对；叶柄被绒毛；托叶膜质，线状倒披针形。苞片近半卵形，先端急尖，内缘全缘，基部具 1 内折短裂片，外缘具不规则粗锯齿，脉纹直通齿尖。小坚果卵形，具树脂状腺体。花期 6 月，果期 9~10 月。

产宁夏六盘山，生于海拔 1500~2000m 的杂木林中或林缘。分布于辽宁、山西、河北、河南、山东、陕西和甘肃。

七十二　葫芦科　Cucurbitaceae

1. 假贝母属　*Bolbostemma* Franquet

假贝母 *Bolbostemma paniculatum* (Maxim.) Franquet

鳞茎肥厚，肉质，乳白色；茎草质，攀援状。叶片卵状近圆形，掌状 5 深裂，每个裂片再 3~5 浅裂。卷须丝状，单一或 2 歧。花雌雄异株。雌、雄花序均为疏散的圆锥状，极稀花单生，花黄绿色。果实圆柱状，成熟后由顶端盖裂，果盖圆锥形，具 6 枚种子。花期 6~8 月，果期 8~9 月。

宁夏固原市隆德县有栽培。分布于河北、山东、河南、山西、陕西、甘肃、四川和湖南。

2. 赤瓟属 *Thladiantha* Bge.

赤瓟 *Thladiantha dubia* Bge.

多年生攀缘草本。卷须单一，与叶对生，被毛。单叶互生，叶片宽卵状心形，边缘具大小不等的齿牙，两面被长柔毛状硬毛，基部 1 对侧脉沿叶基弯缺边缘向外展开。花单性，雌雄异株，雌雄花均单生叶腋；雄花无苞片，花萼裂片线状披针形，具 3 脉，上部反折；花冠黄色，5 深裂，裂片长圆形，先端急尖，反折；雄蕊 5；雌花子房长圆形，花柱深 3 裂，柱头肾形。浆果椭圆形或长椭圆形，橙红色。花期 7~8 月，果期 9 月。

产宁夏六盘山和贺兰山，生于山坡草地、田边及村庄附近。分布于东北、华北及山东、江苏、江西、广东、陕西、甘肃等。

3. 苦瓜属　*Momordica* L.

苦瓜 *Momordica charantia* L.

一年生攀援状草本。卷须纤细，不分歧。叶片轮廓卵状肾形或近圆形，膜质，5~7 深裂。雌雄同株。雄花单生叶腋，花冠黄色。雌花单生，子房纺锤形，密生瘤状突起。果实纺锤形或圆柱形，多瘤皱，成熟后橙黄色。种子多数，长圆形，具红色假种皮。花、果期5~10 月。

宁夏银川、石嘴山等地有栽培。我国南北均普遍栽培。

4. 丝瓜属　*Luffa* Mill.

丝瓜 *Luffa aegyptiaca* Miller

一年生攀援藤本。卷须稍粗壮，被短柔毛，通常 2~4 歧。叶片三角形或近圆形，通常掌状 5~7 裂。雌雄同株。雄花生于总状花序上部，花冠黄色，辐状；雌花单生，子房长圆柱状，柱头 3，膨大。果实圆柱状，表面平滑，通常有深色纵条纹。种子多数，黑色，卵形，扁，平滑，边缘狭翼状。花果期夏、秋季。

宁夏各地有栽培。我国南、北各地普遍栽培。

5. 南瓜属　*Cucurbita* L.

（1）南瓜 *Cucurbita moschata* (Duch. ex Lam.) Duch. ex Poiret

一年生蔓生草本。叶片宽卵形或卵圆形，质稍柔软，有5角或5浅裂。卷须稍粗壮，3~5歧。雌雄同株。雄花单生，花萼筒钟形，花冠黄色，钟状。雌花单生，子房1室，花柱短，柱头3，膨大，顶端2裂。瓠果形状多样，外面常有数条纵沟或无。花果期7~9月。

宁夏各地有栽培。原产墨西哥到中美洲一带，世界各地普遍栽培，我国南北各地广泛种植。

（2）西葫芦 *Cucurbita pepo* L.

一年生蔓生草本。叶片质硬，三角形或卵状三角形，先端锐尖，边缘有不规则的锐齿，基部心形。卷须稍粗壮，具柔毛，分多歧。雌雄同株。雄花单生，花冠黄色，常向基部渐狭呈钟状。雌花单生，子房卵形，1室。果实形状因品种而异。花果期6~9月。

宁夏各地有栽培。原产欧洲，现我国各地均有栽培。

6. 西瓜属　*Citrullus* Schrad.

西瓜 *Citrullus lanatus* (Thunb.) Matsum. et Nakai

一年生蔓生藤本。卷须较粗壮，具短柔毛，2歧。叶片纸质，轮廓三角状卵形，带白绿色。雌雄同株。雌、雄花均单生于叶腋。雄花密被黄褐色长柔毛，花冠淡黄色。雌花子房卵形，密被长柔毛。果实大型，近于球形或椭圆形，肉质，多汁，果皮光滑，色泽及纹饰各式。种子多数，卵形。花果期夏季。

宁夏各地有栽培，品种甚多，外果皮、果肉及种子形式多样。我国各地均有栽培。

7. 葫芦属　*Lagenaria* Ser.

葫芦 *Lagenaria siceraria* (Molina) Standl.

一年生攀援草本。叶片卵状心形或肾状卵形，不分裂或3~5裂，具5~7掌状脉，两面均被微柔毛，叶背及脉上较密。卷须纤细，上部分2歧。雌雄同株，雌、雄花均单生。雄花，花萼筒漏斗状，花冠黄色，裂片皱波状；雌花花萼和花冠似雄花，子房中间缢细，密生黏质长柔毛。果形变异很大，因不同品种或变种而异，有的呈哑铃状，中间缢细，下部和上部膨大，有的呈扁球形、棒状，成熟后果皮变木质。花期夏季，果期秋季。

宁夏各地有栽培。我国南北均普遍栽培。

8. 黄瓜属 *Cucumis* L.

（1）黄瓜 *Cucumis sativus* L.

一年生蔓生或攀援草本。卷须细，不分歧，具白色柔毛。叶片宽卵状心形，膜质，两面甚粗糙，被糙硬毛，3~5 个角或浅裂。雌雄同株。雄花常数朵在叶腋簇生，花冠黄白色，花冠裂片长圆状披针形。雌花单生或稀簇生，子房纺锤形，粗糙，有小刺状突起。果实长圆形或圆柱形，熟时黄绿色，表面粗糙，有具刺尖的瘤状突起。花果期夏季。

宁夏各地有栽培。我国各地普遍栽培。

（2）甜瓜 *Cucumis melo* L.

一年生匍匐或攀援草本。卷须纤细，单一，被微柔毛。叶片厚纸质，近圆形或肾形，上面粗糙，被白色糙硬毛，背面沿脉密被糙硬毛，边缘不分裂或 3~7 浅裂。花单性，雌雄同株。雄花数朵簇生于叶腋，花冠黄色，雌花单生，子房长椭圆形，密被长柔毛和长糙硬毛。果实的形状、颜色因品种而异，通常为球形或长椭圆形，果皮平滑，有纵沟纹，或斑纹。花果期夏季。

宁夏各地有栽培。我国各地广泛栽培。

七十三　卫矛科　Celastraceae

1. 梅花草属　*Parnassia* L.

细叉梅花草 *Parnassia oreophila* Hance

多年生草本。茎丛生，叶片卵形，具 5~7 条弧形基出脉；具长柄。花单生茎顶；萼片 5，宽披针形，具 5 条脉；花瓣 5，长圆形，顶端圆形，白色，具 5 条脉；雄蕊 5 个；退化雄蕊 5 个；子房半下位，倒卵形，花柱短，柱头 3 裂。蒴果倒卵形，包以宿存的花萼。花期 7 月，果期 8~9 月。

产宁夏六盘山及南华山，生于河滩地、沟谷及高山草地。分布于河北、山西、陕西、甘肃、青海、四川等。

2. 南蛇藤属　*Celastrus* L.

南蛇藤 *Celastrus orbiculatus* Thunb.

藤本。枝灰褐色或红褐色，具圆形皮孔。叶互生，叶片近圆形，倒卵形或长圆状倒卵形，边缘具钝锯齿；聚伞花序具 3~5 朵花；花 5 数，黄绿色；退化雌蕊圆柱状；花柱细长，柱头 3 裂，先端 2 浅裂。蒴果近球形，黄色。种子红褐色。花期 5~6 月，果期 8~9 月。

产宁夏六盘山，生于海拔 1860m 左右的山坡灌丛或林缘。分布于东北、华北、华东及陕西、甘肃等。

3. 卫矛属 *Euonymus* L.

（1）卫矛 *Euonymus alatus* (Thunb.) Sieb.

灌木。枝灰绿色，具 2~4 纵列的木栓质翅，或有时近于无翅。叶对生，椭圆形、菱状椭圆形或菱状倒卵形，边缘具细锐锯齿。聚伞花序叶腋生，常具 3 朵花；花 4 数，淡黄绿色；萼片半圆形；花瓣倒卵圆形；雄蕊着生于花盘的近边缘，花盘平坦，4 浅裂或不裂；子房与花盘贴生，4 室，每室含 2 粒胚珠，花柱短。蒴果紫褐色，常 1~2 心皮发育。花期 5~6 月，果期 7~8 月。

产宁夏六盘山及南华山，生于海拔 1700~2100m 的山坡林下或林缘。除东北及新疆、青海、西藏、广东、海南以外，全国各省区均有分布。

（2）纤齿卫矛 *Euonymus giraldii* Loes.

灌木。小枝圆柱形，干后灰褐色，当年生枝绿色，稍四棱形。叶对生，卵形、卵状矩圆形或倒卵状矩圆形，边缘具纤毛状细密锯齿；聚伞花序叶腋生，疏散，具花 3~9 朵；花淡绿色，4 数；萼片近圆形；花瓣卵圆形；雄蕊着生于花盘上，花丝粗短；花柱短，柱头头状。蒴果具 4 翅，翅狭三角形。花期 5 月，果期 6~7 月。

产宁夏六盘山和南华山，生于海拔 2000~2300m 的向阳山坡杂木林中或路旁。分布于河北、河南、湖北、陕西、甘肃、青海、四川等。

（3）冬青卫矛 *Euonymus japonicus* **Thunb.**

灌木。小枝四棱，具细微皱突。叶革质，有光泽，倒卵形或椭圆形，先端圆阔或急尖，基部楔形，边缘具有浅细钝齿。聚伞花序 5~12 花，2~3 次分枝，分枝及花序梗均扁壮，第三次分枝常与小花梗等长或较短。花白绿色，花瓣近卵圆形。蒴果近球状，淡红色；种子每室 1，假种皮橘红色，全包种子。花期 6~7 月，果熟期 9~10 月。

宁夏各市县以白杜为砧木进行嫁接栽植。我国南北各地均有栽培。

（4）丝棉木 *Euonymus maackii* **Rupr.**

小乔木。小枝灰绿色，对生，圆柱形或微具纵棱。叶对生，卵形、卵状椭圆形至卵状披针形，边缘具细尖锯齿，两面无毛。聚伞花序叶腋生，1~3 次分枝，具花 10~20 朵；花淡绿色，4 数；萼片近圆形；花瓣长圆形，先端圆钝，边缘波状，腹面基部密被鳞片状的绒毛；雄蕊着生于花盘上，花药紫红色；子房 4 室，基部与花盘贴生，花柱直立。蒴果倒圆锥形，4 浅裂。花期 5~6 月，果期 8~9 月。

宁夏银川地区有栽培，多作绿化树种。分布于我国东北、华中、华东等。

（5）小卫矛 *Euonymus nanoides* Loes. et Rehd.

小灌木。叶椭圆披针形、线状披针形，或窄长椭圆形。聚伞花序有花 1~2 朵，偶为 3 朵，花序梗、小花梗通常均极短；花黄绿色，花瓣宽卵形，基部窄缩；花盘微 4 裂；子房有 4 微棱。蒴果熟时紫红色，近圆球状，上部 1~4 浅裂；种子紫褐色，类球状，假种皮橙色，全包种子，仅顶端有小口。花期 4~5 月，果熟期 8~9 月。

产宁夏罗山、六盘山和固原市各市县，生长于向阳山坡、灌木丛或林缘坡地。分布于河北、山西、内蒙古、甘肃、四川和云南。

（6）矮卫矛 *Euonymus nanus* Bieb.

矮小灌木。小枝淡绿色，无毛，具条棱。叶线形或线状矩圆形，3 片轮生、互生或有时对生，全缘或疏生钝锯齿，两面无毛；叶柄短。聚伞花序叶腋生，具 1~3 朵花，总花梗，无毛，顶端具 1~2 片淡紫红色的总苞片，披针形；花梗，近基部具 1~2 个苞片，与总苞片同形；花 4 数，紫褐色；萼片半圆形；花瓣卵圆形；雄蕊着生于花盘上，花丝极短，花药黄色；花盘 4 浅裂；柱头头状，不显著。蒴果近球形，成熟时紫红色，4 瓣开裂。花期 6~7 月。

产宁夏六盘山、罗山、贺兰山和南华山，生于河滩灌木丛中、崖下或路边草地。分布于内蒙古、山西、陕西、甘肃、青海、西藏等。

（7）栓翅卫矛 *Euonymus phellomanus* Loes.

灌木。当年生枝绿色，具 4 条棕色棱，老枝灰绿色，具 4 列较宽的灰褐色木栓质翅。叶对生，长椭圆形、倒卵状长椭圆形或椭圆状披针形，边缘具浅细锯齿。聚伞花序叶腋生，1~2 回分枝较短而呈伞形状，具花 7~15 朵；花小，淡绿色，4 数；萼片近圆形，具膜质边；花瓣狭倒卵形，先端钝圆；雄蕊稍短于花瓣，着生于花盘上，与花瓣互生；花盘紫褐色，光滑，4 浅裂；子房 4 室。蒴果粉红色，近倒心形，具 4 棱，每室仅 1 粒种子发育。花期 6~7 月，果期 8~9 月。

产宁夏六盘山，生于海拔 2100m 左右的山坡林缘或灌木丛中。分布于陕西、甘肃、河南、湖北、四川等。

（8）冷地卫矛 *Euonymus frigidus* Wall. ex Roxb.

灌木。小枝灰绿色，圆柱形。叶对生，叶椭圆形、卵状椭圆形或倒卵状椭圆形，边缘具细密锯齿；聚伞花序叶腋生，具花 3~8 朵；花紫红色，4 数；萼片半圆形，花瓣椭圆形或卵形；雄蕊着生于花盘上，花丝极短，花药黄色，1 室；花盘暗紫色，4 浅裂；花柱不显著。蒴果带紫红色，圆形，具 4 狭长翅，先端渐尖。种子扁卵圆形，浅棕色，具橙黄色假种皮。花期 5 月，果期 8~9 月。

产宁夏六盘山，多生于海拔 2000~2200m 的阴坡杂木林中。分布于陕西、甘肃、青海、湖北、四川、贵州、云南和西藏等。

（9）八宝茶 *Euonymus przewalskii* Maxim.

灌木。小枝绿色，具棱或木栓质窄翅。叶对生，狭卵形、披针形至倒披针形，边缘具细锯齿；聚伞花序叶腋生，具 3~7 朵花；总花梗细；花暗紫色，4 数；萼片半圆形；花瓣椭圆形；雄蕊着生于花盘上，花丝极短；花盘紫褐色，4 浅裂。蒴果倒卵圆形，4 深裂。花期 5~6 月，果期 8~9 月。

产宁夏六盘山，生于海拔 2600m 左右的高山草地或灌丛中。分布于山西、河北、甘肃、青海、四川、新疆、云南及西藏等。

（10）石枣子 *Euonymus sanguineus* Loes.

灌木。小枝灰绿色，具纵条棱。叶对生，椭圆形、卵形至倒卵状椭圆形，边缘具细密尖锯齿；聚伞花序叶腋生；花绿白色，4 数，间或 5 数；萼片近圆形；花瓣长卵形；雄蕊着生于花盘上，花丝极短，花药黄色，1 室。蒴果扁球形，具 4 翅，翅三角状圆形。种子狭卵形，黑褐色，外被橙红色假种皮。花期 5~6 月，果期 7~8 月。

产宁夏六盘山，多生于向阳山坡林缘或灌木丛中。分布于甘肃、陕西、山西、河南、湖北、四川、贵州和云南等。

（卢元　拍摄）

（11）陕西卫矛 *Euonymus schensianus* Maxim.

灌木。小枝圆柱形，紫褐色，当年生枝灰绿色，近四棱形。叶对生，长椭圆形、椭圆状披针形或椭圆状倒披针形，边缘具细密锯齿；聚伞花序叶腋生，疏散，具 3~9 朵花；花淡绿色，4 数；萼片半圆形；花瓣椭圆形；雄蕊着生于花盘上，花丝极粗，花药黄色，1

室，花盘 4 浅裂。蒴果大，具 4 翅，先端钝。花期 6 月，果期 7~8 月。

产宁夏六盘山，多生于海拔 2000~2200m 的山坡杂木林中。分布于陕西、甘肃、湖北、四川、贵州等。

（江建强　拍摄）

（12）疣点卫矛 *Euonymus verrucosoides* Loes.

灌木。全体无毛。枝具紫褐色疣状突起。叶卵形、椭圆形至倒卵形，边缘具细锯齿；聚伞花序腋生，具花 3~7 朵；花紫红色或红色，4 数，萼片半圆形；花瓣长圆形；雄蕊着生于花盘上；花盘 4 裂，裂片呈皱褶状；子房与花盘贴生。蒴果紫褐色，4 全裂或 2~3 裂瓣发育。花期 6~7 月，果期 7~8 月。

产宁夏六盘山和南华山，生于海拔 1300~1900m 的山地林缘或山谷灌丛。分布于湖北、四川、河南、陕西、甘肃等。

（13）少花卫矛（中华瘤枝卫矛）*Euonymus verrucosus* Scop. var. *chinensis* Maxim.

灌木。小枝绿色，无毛，具多数黑褐色瘤状突起。叶对生，椭圆形、狭长椭圆形至卵状披针形。先端渐尖，基部圆形至宽楔形，全缘，两面被平贴的白色毛，沿脉较密，边缘具白色缘毛；叶柄密被白色毛。聚伞花序叶腋生，具 1~3 朵花；总花梗细长，无毛；花梗近基部具 1 小苞片；花暗紫红色，4 数；萼片近圆形，边缘疏生白色流苏状毛；花瓣近圆形，边缘反卷，腹面上部密被极短的绒毛；雄蕊着生于花盘上，花丝极短，花药淡黄色；花盘紫褐色，4 浅裂；花柱不明显。蒴果倒圆锥形，4 浅裂。花期 6~7 月，果期 8~9 月。

产宁夏六盘山，生于海拔 2000~2200m 的山坡杂木林下。分布于陕西、甘肃等。

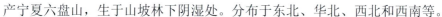

七十四　酢浆草科　Oxalidaceae

酢浆草属　*Oxalis* L.

（1）山酢浆草 *Oxalis acetosella* L.

多年生草本。无地上茎。根状茎横卧。叶全部基生；掌状三出复叶，小叶无柄；小叶片倒三角形，顶端平截，有微凹，基部宽楔形。花单生；花梗通常较叶柄短，有时具 1 对苞片；萼片卵形，膜质；花瓣倒卵形，白色或淡黄色；雄蕊 10，5 长 5 短，花丝基部合生；花柱 5，离生。蒴果长圆形，成熟时胞背开裂。种子扁卵形，棕褐色。花期 5 月，果期 6~8 月。

产宁夏六盘山，生于山坡林下阴湿处。分布于东北、华北、西北和西南等。

（2）**酢浆草** *Oxalis corniculata* L.

多年生草本。叶互生，掌状三出复叶，小叶近无柄，倒心形，先端 2 浅裂，基部宽楔形。花 1 至数朵成腋生的伞形花序；花梗与叶柄等长；萼片披针形或矩圆状披针形，先端钝，果期宿存；花瓣长倒卵形，黄色，先端圆；雄蕊花丝基部合生成筒；子房短圆柱形，柱头 5 裂。蒴果近圆柱形，略具 5 棱。种子矩圆状卵形，扁平，褐色，具横槽纹。花期 5~8 月，果期 6~9 月。

宁夏多见于温室附近的潮湿处。我国南北各地均有分布。

（3）**红花酢浆草** *Oxalis corymbosa* DC.

多年生草本。无地上茎。叶基生；小叶 3，扁圆状倒心形，顶端凹入，两侧角圆形，基部宽楔形。总花梗基生，二歧聚伞花序，通常排列成伞形花序式，花梗、苞片、萼片均被毛；萼片 5，披针形；花瓣 5，倒心形，淡紫色至紫红色；雄蕊 10 枚，长的 5 枚超出花柱，另 5 枚长至子房中部；子房 5 室，花柱 5，柱头浅 2 裂。花、果期 3~12 月。

宁夏多见于室内栽培或温室附近。分布于华东、华中、华南及河北、陕西、四川和云南等地，原产南美热带地区。

七十五 金丝桃科 Hypericaceae

金丝桃属 *Hypericum* L.

（1）黄海棠 *Hypericum ascyron* L.

多年生草本。茎直立，具 4 棱。叶对生，叶片披针形或长圆状披针形，先端急尖，基部心形，抱茎，全缘，两面无毛，具透明腺点。花数朵成顶生聚伞花序；萼片卵形，先端急尖或钝；花瓣黄色，倒卵状披针形，先端圆钝；雄蕊多数，连合成 5 束，子房棕褐色，花柱5，离生，与子房近等长。蒴果圆锥形。种子圆柱形，表面具蜂窝状纹，一侧具细长的狭膜质翅。花期 7 月，果期 8~9 月。

产宁夏六盘山，生于山坡林缘、草地、山谷溪边或路旁。分布于东北、华北、华东、华中及陕西、甘肃、四川、贵州、云南等。

（2）赶山鞭 *Hypericum attenuatum* Choisy

多年生草本。茎数个丛生，直立，圆柱形，常有 2 条纵线棱，且全面散生黑色腺点。叶无柄；叶片卵状长圆形或卵状披针形至长圆状倒卵形，先端圆钝或渐尖，基部渐狭或微心形，略抱茎，全缘。花序顶生，近伞房状或圆锥花序；苞片长圆形。萼片卵状披针形，先端锐尖，表面及边缘散生黑腺点。花瓣淡黄色，长圆状倒卵形，先端钝形，表面及边缘有稀疏的黑腺点，宿存。雄蕊 3 束。子房卵珠形；花柱 3，自基部离生，与子房等长或稍长于子房。蒴果卵珠形或长圆状卵珠形。种子黄绿、浅灰黄或浅棕色，圆柱形。花期 7~8 月，果期 8~9 月。

产宁夏六盘山，生于半湿草地、山坡草地及林缘等处。分布于黑龙江、吉林、辽宁、内蒙古、河北、山西、陕西、甘肃、山东、江苏、安徽、浙江、江西、河南、广东和广西。

（周繇　拍摄）

（3）乌腺金丝桃 *Hypericum attenuatum* Choisy

多年生草本。茎直立，圆柱形，具 2 条纵棱，全株散生黑色腺点。叶长卵形、倒卵形或椭圆形，全缘，无毛，两面及边缘散生黑色腺点。花数朵，成顶生聚伞状圆锥花序；花小；萼片 5，宽披针形，外面及边缘具黑色腺点；雄蕊 3 束，短于花瓣，花药上有黑色腺点；花柱 3，离生。蒴果卵圆形。种子圆柱形，表面蜂窝状，一侧具狭翅。花期 7~8 月，果期 8~9 月。

产宁夏西吉县火石寨及六盘山，生于林缘和灌丛草地。分布于东北、华北及山东、安徽、河南、陕西、甘肃等。

（4）突脉金丝桃 *Hypericum przewalskii* Maxim.

多年生草本。茎直立，圆柱形。叶对生，叶片卵形、卵状椭圆形或长椭圆形，先端圆钝，基部心形或圆形，抱茎，全缘。聚伞花序顶生或单生叶腋；萼片长椭圆形或椭圆状披针形，先端圆钝或急尖；花瓣倒卵状披针形，黄色，先端圆钝；雄蕊多数，合生成5束，与花瓣近等长；花柱细长，上部5裂，稍短于雄蕊。蒴果圆锥形。花期6月，果期7~8月。

产宁夏六盘山，生于山坡草地。分布于陕西、甘肃、青海、四川、湖北、河南等。

七十六 董菜科 Violaceae

董菜属 *Viola* L.

（1）鸡腿董菜 *Viola acuminata* Ledeb.

多年生草木。茎直立。叶互生，心形、卵状心形或三角状卵形，边缘具钝锯齿；叶柄无毛或上部被柔毛；托叶大，披针形或椭圆形，边缘具撕裂状长齿。花单生叶腋，花梗细长，上部具2线形苞片；萼片线形或线状披针形，基部附属物短；花瓣淡紫红色，侧瓣里面具须毛，距囊状，末端钝圆。花期5~6月。

产宁夏六盘山，生于林缘、灌丛、山坡草地或溪谷湿地等处。分布于黑龙江、吉林、辽宁、内蒙古、河北、山西、陕西、甘肃、山东、江苏、安徽、浙江、河南等。

（2）二花董菜 *Viola biflora* L.

多年生草本。地上茎细弱，直立或斜伸。叶肾形，先端圆形，基部心形或深心形，边缘具圆钝齿；茎生叶柄较短；托叶卵形或椭圆形，先端尖，无毛。花单生于茎上部叶腋，花梗中部以上具 2 钻形的小苞片；萼片披针形，先端稍钝，全缘；花瓣黄色，距短，圆形。蒴果椭圆形，无毛。花期 5 月，果期 6~7 月。

产宁夏贺兰山、罗山和六盘山，生于高山及亚高山地带草甸、灌丛或林缘。分布于东北、华北、西北、西南等。

（3）鳞茎董菜 *Viola bulbosa* Maxim.

多年生草本。根状茎基部具数片肉质鳞片，鳞片宽卵形或近圆形，先端急尖。叶基生，圆形、圆肾形或圆卵形，顶端圆，基部心形，下延，在叶柄上成狭翅，边缘具浅圆锯齿，上面无毛或散生柔毛，背面沿脉被柔毛。花梗上部具 2 钻形小苞片；萼片卵状披针形或披针形，无毛，基部附属物明显，卵形；花瓣白色或淡黄色，距短，囊状；子房无毛。花期 6 月。

产宁夏六盘山和南华山，生于高山草甸或林下。分布于甘肃、青海、西藏、四川等。

（4）**毛果堇菜** *Viola collina* **Bess.**

多年生草本。无地上茎。叶基生，叶片心形、圆心形或宽卵状心形，先端短尖或急尖，基部心形或深心形，边缘具钝锯齿。花梗细弱，中部具 2 极小的苞片；萼片卵形或卵状椭圆形，被毛；花瓣基部微带白色，上方花瓣及侧方花瓣先端钝圆，侧方花瓣里面有须毛或近无毛；下方花瓣的距白色，较短，平伸而稍向上方弯曲，末端钝。果实近球形，密生柔毛；种子卵形，白色。花期 5 月，果期 6~7 月。

产宁夏六盘山，生于林下、林缘、灌丛、草坡、沟谷阴湿处。分布于东北、华北及河南、湖北、湖南、安徽、浙江、陕西、甘肃、贵州等。

（汇建强　拍摄）

（5）**南山堇菜** *Viola chaerophylloides* **(Regel) W. Beck.**

多年生草本。无地上茎。叶基生，叶片 3 全裂，1 回裂片具短柄，中裂片 3 深裂，侧裂片 2 深裂，末回裂片边缘具缺刻状粗齿或浅裂，两面无毛或沿脉被短毛；托叶膜质，中部以下与叶柄合生，全缘或边缘疏具齿。花白色或淡紫色，花梗中下部具 2 小苞片；萼片长圆状卵形或狭卵形；花瓣宽倒卵形，侧瓣里面基部具细须毛，下瓣有紫色条纹；子房无毛，柱头具短喙，喙端有柱头孔。蒴果长圆形。花果期 5~9 月。

产宁夏贺兰山及盐池县，生于林下、林缘、灌丛或溪谷阴湿处。分布于东北、华北及河南、陕西、甘肃、青海等，以及长江流域。

（周繇　拍摄）

（6）裂叶菫菜 *Viola dissecta* **Ledeb.**

多年生草本。无地上茎。叶基生，叶片半圆形或宽三角状半圆形，掌状 3 全裂，裂片倒卵形或倒卵状楔形，中裂片 3 深裂，侧裂片 2 深裂，小裂片再羽状深裂，最终裂片线形。萼片卵状椭圆形或椭圆形，先端尖，边缘膜质，褶皱，无毛，基部附属物小；花瓣淡紫红色，距长管状。果实椭圆形。花期 5 月，果期 6~7 月。

产宁夏六盘山、罗山、香山和贺兰山，生于山坡草地、杂木林缘、灌丛下及田边、路旁等地。分布于吉林、辽宁、内蒙古、河北、山西、陕西、甘肃、山东、浙江、四川和西藏。

（7）总裂叶菫菜 *Viola dissecta* **var.** *incisa* **(Turcz) Y. S. Chen**

多年生草本。无地上茎。基生叶 4~8 枚；叶片卵形，边缘具缺刻状浅裂至中裂，下部裂片通常具 2~3 个不整齐的钝齿。花大，紫菫色；花梗在中部稍上处有 2 枚线形小苞片；萼片卵状披针形，先端稍尖，具 3 脉，基部附属物较短，边缘具缘毛，末端近截形，通常有不整齐的缺刻状齿裂；花瓣长圆形，上方花瓣，先端圆，基部渐狭，侧方花瓣，里面基部有稀疏的须毛，下方花瓣连距，距管状，直或稍弯曲，末端圆。花期 4~5 月。

产宁夏六盘山和贺兰山，生于山地林缘和山间荒坡草地。分布于黑龙江、吉林、辽宁、河北和北京。

（8）奇异董菜 *Viola mirabilis* L.

多年生草本。茎直立。基生叶常肾形，先端圆，基部心形或近心形，下延，边缘具圆钝锯齿；具长柄，被倒生短毛；茎生叶互生，心形或心状肾形，先端短渐尖，基部心形；叶柄短；托叶叶状，披针形或长圆形，先端尖，全缘或仅一边具 1~2 个裂片状锯齿，被短柔毛。花单生叶腋，花梗被毛，中部具 2 线形苞片；萼片线形，被毛，基部的附属物明显，卵形。果实椭圆形。花期 5~6 月，果期 7 月。

产宁夏六盘山，生于阔叶林或针阔混交林下、林缘、山地灌丛及草坡等处。分布于黑龙江、吉林、辽宁、内蒙古和甘肃。

（9）北京董菜 *Viola pekinensis* (Regel) W. Beck.

多年生草本。叶基生，莲座状；叶片圆形或卵状心形，宽与长几相等，先端钝圆，基部心形，边缘具钝锯齿，两面无毛或沿叶脉被疏柔毛；叶柄细长，无毛；托叶外方者较宽，白色，膜质，约 3/4 与叶柄合生，内部者较窄，绿色，约 1/2 与叶柄合生，离生部分狭披针形，先端渐尖，边缘具稀疏的流苏状细齿。花淡紫色，有时近白色；花梗细弱，通常稍高出于叶丛，近中部有 2 枚线形小苞片；萼片披针形或卵状披针形，先端急尖，边缘狭膜质，具 3 脉，基部具明显伸长的附属物；花瓣宽倒卵形，侧瓣里面近基部有明显须毛；距圆筒状，稍粗壮，直伸，末端钝圆；子房无毛，花柱棍棒状。蒴果无毛。花期 4~5 月，果期 5~7 月。

产宁夏六盘山，生于阴坡阔叶林林下或林缘。分布于河北和陕西。

（10）**紫花地丁** *Viola philippica* **Cav.**

多年生草本。无地上茎。叶基生，矩圆状披针形、三角状披针形或三角状卵形，边缘具圆钝浅锯齿；叶柄具狭翅；托叶膜质，二分之一以上与叶柄合生，分离部分线形，边缘具疏锯齿。花梗中部以上具 2 丝形苞片；萼片卵状披针形，先端尖，无毛，基部附属物明显，末端截形或不整齐；花瓣淡紫红色或紫红色，距长管状，末端圆钝。果实椭圆形。花期 4~5 月，果期 6 月。

宁夏全区普遍分布，生于果园、田间、荒地和路边。分布于东北、华北、西北、华东及云南、西藏、四川等。

（11）**早开堇菜** *Viola prionantha* **Bge.**

多年生草本。无地上茎。叶基生，叶片卵形、狭卵形或卵状椭圆形，先端渐尖或稍钝，基部截形，稀宽楔形或近心形，稍下延，边缘具圆钝浅锯齿。花梗中部以下具 2 丝形苞片；萼片卵状披针形，先端尖，基部附属物卵形，先端尖或具不整齐齿牙；花瓣紫红色或淡紫红色，距长管状，直伸，末端圆。蒴果椭圆形。花期 5 月，果期 6~7 月。

宁夏全国普遍分布，生于荒地、田边、路旁、山坡草地上。分布于东北、华北及陕西、甘肃、湖北等。

（12）**白果堇菜** *Viola phalacrocarpa* Maxim.

多年生草本。无地上茎。叶基生，叶片狭卵形或矩圆状卵形，边缘具圆钝浅锯齿；叶柄具狭翅。花梗近中部具 2 丝形苞片；萼片披针形或卵状披针形，先端尖，边缘狭膜质，无毛或背面沿主脉被短毛，基部附属物三角形；花紫红色，有深紫色条纹。果实椭圆形，无毛。花期 4~5 月，果期 6~7 月。

产宁夏贺兰山及罗山，生于向阳山坡草地、灌丛及林缘等处。分布于黑龙江、吉林、辽宁、内蒙古、河北、山西、陕西、甘肃、山东、河南、湖北、湖南、四川等。

（13）**三色堇** *Viola tricolor* L.

一年生或多年生草木。茎直立或斜伸。基生叶卵圆形或椭圆状披针形；茎生叶卵状长圆形或宽披针形，边缘具圆钝锯齿，叶柄短；托叶叶状，大头羽状深裂。花单生叶腋；萼片大，绿色，卵状披针形；花瓣近圆形，上瓣为深紫色，侧瓣和下瓣均具黄、白、紫三色，侧瓣里面基部密生须毛，下瓣的距细。蒴果椭圆形。花期 5~6 月，果期 7~8 月。

宁夏各公园有栽培，供观赏。原产欧洲。

（14）菊叶堇菜 *Viola takahashii* (Nakai) Taken.

多年生草本。无地上茎。叶基生，叶片卵形至长圆状卵形，基部浅心形，边缘具不整齐的羽状浅裂或深裂，两面无毛或沿脉疏被柔毛；叶柄较叶片短；托叶披针形，边缘具齿，下部近 1/2 与叶柄合生。花白色，花梗与叶近等长，中下部具 2 小苞片，线形；萼片长圆状披针形；花瓣倒卵形，侧瓣里面基部疏被须毛，下瓣基部具囊状距，末端圆；子房无毛，花柱基部较细，柱头先端具短喙，顶面微凹。花期 5~7 月。

产宁夏贺兰山，生于灌丛或水沟旁。分布于我国东北。

（周繇　拍摄）

（15）斑叶堇菜 *Viola variegata* Fisch ex Link

多年生草本。无地上茎。叶均基生，叶片圆形或圆卵形，先端圆形或钝，基部明显呈心形，边缘具平而圆的钝齿。花红紫色或暗紫色；花梗中部有 2 枚线形的小苞片；萼片通常带紫色，长圆状披针形或卵状披针形，先端尖，具狭膜质边缘并被缘毛，具 3 脉，基部附属物较短，末端截形或疏生浅齿，上面被粗短毛或无毛；花瓣倒卵形，侧方花瓣里面基部有须毛，下方花瓣基部白色并有堇色条纹；距筒状，粗或较细，末端钝，直或稍向上弯。蒴果椭圆形。种子淡褐色。花期 4~8 月，果期 6~9 月。

产宁夏六盘山，生于山坡草地、林下、灌丛中或阴处岩石缝隙中。分布于黑龙江、吉林、辽宁、内蒙古、河北、山西、陕西、甘肃和安徽。

七十七 杨柳科 Salicaceae

1. 杨属 *Populus* L.

（1）银白杨 *Populus alba* L.

乔木。树皮灰白色，平滑，老干基部粗糙，具沟裂。长枝上的叶宽卵形，掌状 3~5 浅裂，基部心形、截形，上面无毛，背面密被灰白色绒毛；叶柄圆柱形，密被绒毛；短枝上的叶较小，卵形，基部圆形。雄花序苞片椭圆形，边缘具长柔毛，雄蕊 8~10 个；雌花序轴被绒毛，花盘斜杯形，子房椭圆形，柱头 2。蒴果细圆锥形，无毛，2 瓣开裂。花期 3~4 月，果期 4 月。

宁夏引黄灌区有分布，多零星栽种。分布于新疆。

（刘冰 拍摄）

（2）新疆杨 *Populus alba* L. var. *pyramidalis* Bge.

乔木。树皮灰绿色，光滑，老时灰褐色，基部浅裂；小枝灰绿色，密被绒毛，后脱落；芽圆锥形，被绒毛，无黏质。短枝上的叶几圆形或椭圆形先端尖，基部近截形或微心形，边缘具粗钝齿，上面绿色，无毛，下面灰绿色，幼时密被灰白色绒毛，后脱落；长枝上的叶较大，3~5 浅裂；叶柄侧扁，初被绒毛，后光滑。

宁夏引黄灌区普遍栽培。我国北方各省区常栽培，以新疆为普遍。

（3）青杨 *Populus cathayana* Rehd.

乔木。幼树树皮灰绿色，光滑，老时暗灰色，纵浅沟裂。果枝上的叶卵形，先端渐尖，基部圆形，缘具带腺点的圆钝细锯齿，上面亮绿色，背面绿白色；叶柄圆柱形，无毛；萌枝上的叶卵状长圆形，基部常微心形；叶柄无毛。雄花序雄蕊 30~35 个，苞片暗褐色，无毛，先端撕裂状条裂，花盘全缘；雌花序子房卵圆形，柱头 2~4 裂。蒴果卵圆形，3~4 瓣裂。花期 3~5 月，果期 5~7 月。

产宁夏贺兰山和固原市，分布于东北、华北、西北及四川、西藏等。

（4）山杨 *Populus davidiana* Dode

乔木。老干基部暗灰色，具沟裂；幼枝圆柱形，黄褐色，芽卵圆形，光滑。叶卵圆形，宽与长几相等，先端短锐尖缘具波状浅钝齿或内弯的锯齿，表面绿色，背面淡绿色。雄花序花序轴疏被柔毛，苞片深裂，褐色，被长柔毛；雌花序子房圆锥形，花柱 2，每个再 2 裂，红色。蒴果卵状圆锥形，绿色，无毛，2 瓣裂。花期 4~5 月，果期 5~6 月。

产宁夏贺兰山、罗山、六盘山和南华山，多生于海拔 1800~2000m 的山地阳坡及山谷中，多与油松、白桦等树种混交。分布于东北、华北、西北及西南。

（5）胡杨 *Populus euphratica* Oliv.

乔木。树皮淡黄色；叶形多变化，在长枝和幼树上的叶披针形，先端渐尖，基部楔形；叶柄近圆柱形。顶端两侧具 2 个腺体；短枝和老树上的叶宽卵形、宽椭圆形至肾形。花序侧生，雄花序苞片近菱形，顶端具疏齿，花盘杯状，边缘具凹缺齿，常早落，雄蕊 23~27 个；雌花序柱头 3，各 2 浅裂，紫红色。蒴果长卵圆形，无毛，2 瓣裂。花期 5 月，果期 6~7 月。

产宁夏中卫市和银川市兴庆区月牙湖，多生于河滩及黄河沿岸，银川平原亦有栽培。分布于新疆、甘肃、青海及内蒙古等。

（6）河北杨 *Populus × hopeiensis* Hu et Chow

乔木。树皮白色，光滑；小枝圆柱形，灰褐色，光滑，幼时黄褐色；芽卵圆形，微被短柔毛，无黏质。叶卵形，先端急尖，基部截形，边缘具 3~7 个内弯的波状齿，表面绿色，背面灰白色，初时两面脉上疏生短柔毛，后渐无毛；叶柄细长，侧扁，无毛，几与叶片等长。雌花序苞片撕裂状条裂，边缘具白色长柔毛，花盘基部被短柔毛，柱头 2，每个再 2 裂；雄花具雄蕊 6 个。花期 5 月，果期 6 月。

产宁夏固原须弥山，并普遍栽培。为我国特产种，分布于华北、西北。

（7）小叶杨 *Populus simonii* Carr.

乔木。树皮灰褐色。叶菱状倒卵形，先端渐尖，基部楔形，边缘具细钝锯齿，上面淡绿色，下面苍白色，两面无毛；叶柄带红色。雄花序轴光滑；苞片暗褐色，尖裂，雄蕊8~12个；雌花序苞片绿色，条裂，柱头2裂。蒴果狭圆卵形，无毛，2~3瓣裂。花期3~5月，果期4~6月。

宁夏引黄灌区为普遍栽培，多栽培于村庄附近的河岸、沟渠边。分布于东北、华北、华中、西北及西南。

（8）小青杨 *Populus pseudosimonii* Kitag.

乔木。树皮灰褐色。叶菱状卵形、菱状椭圆形或卵状披针形，先端短渐尖，基部楔形或宽楔形，叶缘具细密锯齿，上面深绿色，背面淡绿色，具缘毛。叶柄顶端被短柔毛。雌花序子房圆锥形，柱头2裂，花盘黄绿色。蒴果椭圆形，2~3瓣裂，花期3~4月，果期4~5月。

产宁夏固原市，多生于河滩地及沟谷中。分布于黑龙江、吉林、辽宁、河北、陕西、山西、内蒙古、甘肃、青海、四川等。

（9）毛白杨 *Populus tomentosa* Carr.

乔木。树皮灰白色，光滑；短枝上的叶三角状卵形，先端骤尖，基部心形，边缘具不规则的粗锯齿，上面暗绿色；叶柄细，侧扁，顶端具2~4个腺体；长枝上的叶三角状卵形，先端骤尖，基部心形，缘具不规则的重锯齿。雄花序苞片褐色，雄蕊5~11个；雌花序苞片深褐色，子房椭圆形，柱头2个。蒴果长卵形，2瓣裂。花期3月，果期4~5月。

宁夏普遍栽培。分布于辽宁、内蒙古、河北、山西、山东、河南、陕西、湖北、江苏、浙江、甘肃等。

（10）加拿大杨 *Populus* × *canadensis* Moench

乔木。树皮灰绿色，老时灰褐色，基部粗糙，有沟裂；小枝淡灰褐色，无毛，幼枝黄褐色；芽长卵形，具黏质。叶三角状卵圆形，先端长渐尖，基部截形，边缘具圆钝齿，上面绿色，无毛，背面淡绿色，沿脉稍被柔毛；叶柄侧扁，无毛，顶端具2腺体。雄花序花序轴无毛，苞片淡绿褐色，具不整齐的丝状条裂，花盘全缘，淡黄绿色，雄蕊15~25个；雌花序具花45~50朵，柱头4裂。蒴果卵圆形，无毛，2~4瓣裂。花期4月，果期5月。

宁夏引黄灌区有栽培。我国除广东、云南、西藏外，各地均有引种栽培。

2. 柳属　*Salix* L.

（1）垂柳 *Salix babylonica* L.

乔木。小枝褐色。叶狭披针形至线状披针形，先端渐尖，基部楔形，边缘具细锯齿，表面暗绿色，背面灰绿色，两面无毛；叶柄具短柔毛。雄花序花序轴被短柔毛，苞片椭圆形，外面无毛，边缘有睫毛，雄蕊2个，花丝基部具长毛，腺体2个；雌花序苞片狭椭圆形，子房椭圆形，花柱短，柱头2个，具1个腹腺。蒴果，2瓣开裂。花期4~5月，果期5月。

宁夏全区普遍栽培，多作行道树及庭院绿化树种。

（2）乌柳 *Salix cheilophila* Schneid.

灌木。枝灰褐色。叶线状倒披针形，边缘反卷，具腺锯齿，表面绿色，被柔毛，背面灰白色，密被伏贴的长柔毛；叶柄被柔毛。雄花苞片倒卵状长圆形，雄蕊2个，花丝无毛，腹腺1个，先端2裂；雌花苞片倒卵状长圆形，被毛，子房卵状长圆形，密被短毛，花柱短，柱头2个，腹腺1个，2裂。蒴果黄色，疏被柔毛，2瓣开裂。花期4~5月，果期6~7月。

产宁夏贺兰山和六盘山，多生于海拔1800~2200m的山坡林缘、河滩及水沟边。分布于河北、山西、陕西、甘肃、青海、河南、四川、云南和西藏。

（3）黄柳 *Salix gordejevii* Y. L. Chang et Skv.

灌木。枝黄绿色；叶线形，先端渐尖，基部渐狭，边缘疏具细腺锯齿，表面绿色，叶脉凹陷，背面绿白色，主脉隆起，侧脉不明显。雄花序苞片倒卵形，黑褐色，被柔毛，雄蕊2，具腹腺1个；雌花序苞片卵状椭圆形，先端钝，黑褐色，被柔毛，子房卵圆形，疏被短毛，柱头2，腹腺1个，扁平呈长方形。蒴果黄色，无毛，2瓣开裂。花期3月，果期4月。

产宁夏中卫市，生于沙丘上。分布于东北及内蒙古等。

（4）紫枝柳 *Salix heterochroma* Seemen

灌木或小乔木。高达10m。枝深紫红色或黄褐色，初有柔毛，后变无毛。叶椭圆形至披针形或卵状披针形，先端长渐尖或急尖，基部楔形，上面深绿色，下面带白粉，具疏绢毛，全缘或有疏细齿。雄花序近无梗，轴有绢毛；雄蕊2，花丝具疏柔毛，长为苞片的2倍，花药卵状长圆形，黄色；苞片长圆形，黄褐色，两面被绢质长柔毛和缘毛，腺体倒卵圆形，长为苞片的1/3；雌花序圆柱形，果序长6~10cm，花序梗长约10mm，轴具柔毛；子房卵状长圆形，有柄，花柱长为子房的1/3，柱头2裂；苞片披针形至椭圆形，有毛；腺体1，腹生；蒴果卵状长圆形。花期4~5月，果期5~6月。

产宁夏六盘山，生于海拔1450~2100m的林缘。分布于山西、陕西、甘肃、湖北、湖南、四川等。

（5）小叶柳 *Salix hypoleuca* Seemen.

小乔木或灌木。小枝棕褐色。叶椭圆形、卵状椭圆形或卵状披针形，先端急尖，基部圆形或宽楔形，全缘，上面绿色，背面灰绿色，两面无毛；叶柄被绒毛。雄花序花序轴无毛，苞片倒卵形，褐色，无毛，雄蕊2，花丝下部具长柔毛，腹腺1个；雌花序苞片宽卵形，无毛，褐色，子房卵形，几无柄，无花柱，柱头2，腹腺1个。蒴果卵状圆锥形，2瓣开裂。花期4月，果期5月。

产宁夏六盘山，多生于海拔2000m左右的山沟水旁或山坡林缘。分布于陕西、甘肃、湖北、四川、山西等省。

（6）丝毛柳 *Salix luctuosa* Lévl.

灌木。枝条黄绿色。叶椭圆形或长椭圆形，先端钝，基部楔形、近圆形或圆形，全缘，上面绿色，背面浅绿色；叶柄被长柔毛。雄花序苞片卵形，边缘具睫毛，雄蕊2个，花丝下部具长柔毛，腹腺1个；雌花序花序轴被柔毛，苞片卵形，被柔毛，子房卵形，无毛，花柱长，柱头2，腹腺1个。蒴果，无毛，2瓣开裂。花期5月，果期6~7月。

产宁夏六盘山，多生于海拔2500~2700m的山顶灌木林中。分布于西藏、云南、四川、陕西等。

（7）旱柳 *Salix matsudana* Koidz.

乔木。枝细长，幼时黄绿色，后变为棕褐色。叶披针形，先端长渐尖，基部近圆状楔形，边缘具细腺锯齿，上面暗绿色，幼时疏被细柔毛，后无毛，背面灰绿色；叶柄无毛或幼时被绒毛。雄花序花序轴被长柔毛，苞片卵形，先端钝，黄绿色，基部被短柔毛，雄蕊 2个，花丝基部疏被柔毛，腺体 2 个；雌花序花序轴具长毛，子房长椭圆形，无毛，花柱缺，具 2 腺体。蒴果 2 瓣裂。花期 3~4 月，果期 4~5 月。

宁夏普遍栽培，多作防护林、行道树及护岸林。分布于东北、华北、西北、华中、华东、西南等地。

（8）龙爪柳 *Salix matsudana* Koidz. var. *tortuosa* Vilm.

与正种的主要区别为枝条卷曲向上。宁夏普遍栽培。

（9）山生柳 *Salix oritrepha* Schneid.

灌木。老枝灰黑色，小枝紫褐色。叶椭圆形，全缘，上面暗绿色，下面灰绿色，两面无毛；叶柄带红色。雄花苞片椭圆形，深棕色，微被短毛，雄蕊2个，花丝基部密生棕色长柔毛，具1腹腺和1背腺；雌花苞片椭圆形，被绒毛，子房无毛，花柱短，柱头2个，具2腺，腹腺3裂。蒴果卵状椭圆形，被短毛，2瓣开裂。花期6月，果期7月。

产宁夏贺兰山，生于海拔2000~3300m的高山灌丛。分布于四川、甘肃、青海和西藏。

（10）北沙柳 *Salix psammophila* C. Wang et Ch. Y. Yang.

灌木。枝灰褐色，幼枝黄绿色，无毛。叶线状披针形，先端渐尖，基部渐狭，全缘，主脉明显，两面无毛或幼时背面密被长柔毛，叶柄极短或几无。雌花序着生于很短的具叶侧枝顶端，花序轴密生绒毛，苞片椭圆形，先端圆，黑色，两面被长柔毛，子房圆锥形，密被绒毛，花柱短，柱头2，具腹腺1个。蒴果，被绒毛，2瓣开裂。

产宁夏中卫市，生于半固定沙丘和丘间低地。分布于陕西、内蒙古、山西等。

（11）康定柳 *Salix paraplesia* Schneid.

灌木。小枝淡褐色；叶倒卵状椭圆形或倒披针形，先端渐尖，基部楔形，边缘具细腺锯齿，上面深绿色，背面带白色；叶柄无毛。雄花序着生于具叶的侧生小枝端，总梗与花序轴均被柔毛，苞片卵圆形，雄蕊常 6 个；雌花序花序轴被柔毛，苞片卵状披针形，被柔毛，子房无毛，具短梗，柱头 2，每个再 2 裂，具 1 腹腺。蒴果长卵形，无毛，2 瓣开裂。花期 5~6 月，果期 6~7 月。

产宁夏六盘山，多生于海拔 2000~2300m 的灌木林中或沟底水边。分布于山西、陕西、甘肃、青海、四川、西藏等。

（任飞　拍摄）

（12）小红柳 *Salix microtachya* Turcz. var. *bordensis* (Nakai) C. F. Fang

灌木。树皮灰褐色，小枝红色或褐色。叶线形，反卷，两面被白色绢毛；叶柄基部稍扩展，疏被毛。叶花后开展。花序梗短，具 2~3 枚小叶片，花序轴疏被柔毛；苞片卵形、椭圆形、矩圆形或倒卵圆形，淡褐色或黄绿色，背面无毛或雌株苞片边缘和基部被柔毛，内面基部被毛；腹腺 1；雄蕊花丝完全合生成单体，花丝无毛，花药红色；子房无毛，花柱明显。花果期 5~6 月。

产宁夏贺兰山、灵武、盐池等市（县），生于沙地或水边。分布于内蒙古、黑龙江、吉林和辽宁。

（13）中国黄花柳 *Salix sinica* (Hao) C. Wang et C. F. Fang

灌木或小乔木。小枝红褐色。叶为椭圆形、椭圆状披针形，先端短渐尖或急尖，基部楔形或圆楔形，上面暗绿色，下面发白色，多全缘，边缘有不规整的牙齿；叶柄有毛；托叶半卵形至近肾形。雄花序无梗，宽椭圆形至近球形；雄蕊2，仅1腺；雌花序短圆柱形。蒴果线状圆锥形。花期4月下旬，果期5月下旬。

产宁夏贺兰山和六盘山，生于林缘和沟边灌丛中。分布于华北、西北和内蒙古。

（14）齿叶黄花柳 *Salix sinica* (Hao) C. Wang et C. F. Fang var. *dentata* (Hao) C. Wang et C. F. Fang

小乔木；枝黑褐色，密被绒毛，后无毛；芽无毛。叶椭圆形、卵状椭圆形或倒卵状椭圆形，先端急尖或突尖，基部圆形或近圆形，边缘具疏锯齿，上面绿色，无毛或被柔毛，沿主脉尤密，背面蓝绿色，叶脉隆起，无毛；叶柄沿腹面密生绒毛；托叶卵形，具锯齿。苞片卵形，先端圆钝，被长柔毛；蒴果具果梗，被短毛，2瓣开裂，果瓣外卷。花期4~5月，果期5~6月。

产宁夏六盘山，生于海拔2000m左右的阳坡林中。分布于河北和陕西。

（15）周至柳 *Salix tangii* K. S. Hao

灌木。枝暗棕褐色。叶椭圆形或长圆形，基部圆形，全缘，上面绿色，背面淡绿色；叶柄短。雄花序花序轴密被长柔毛，苞片倒卵形，无毛，雄蕊2，具1腹腺；雌花序花序轴被长柔毛，苞片近圆形，无毛，子房无毛，柱头2个，每个再2裂，具1腹腺。蒴果卵状圆锥形，无毛，2瓣开裂。

产宁夏六盘山，多生于海拔2000~2400m的阴坡林中。分布于陕西、甘肃、山西等省。

（16）皂柳 *Salix wallichiana* Anderss.

小乔木。小枝黑褐色。叶长椭圆形，上面深绿色，下面灰绿色，被伏贴的长柔毛；叶柄被短毛。雄花序苞片卵状长圆形，密被长柔毛，雄蕊2个，花丝基部具疏柔毛，腹腺1个；雌花序苞片卵圆形，黑褐色，密被长柔毛，子房卵状长圆锥形，被绒毛，具短梗，柱头2个，具1个腹腺。蒴果被绒毛，2瓣开裂。花期4~5月，果期6~7月。

产宁夏贺兰山、六盘山和罗山，多生于2000~2100m的山沟溪旁、林缘及阴坡或半阴坡林中。分布于河北、山西、陕西、河南、湖南、湖北、四川、贵州。

（17）线叶柳 *Salix wilhelmsiana* **M. B.**

灌木。枝暗褐色，无毛，幼枝灰绿色，被伏贴的长柔毛。叶线形，先端渐尖，基部渐狭，全缘；叶柄短。雄花序花序轴密被柔毛，苞片倒卵形，两面被柔毛，雄蕊 2，花丝分离，具 1 个腹腺；雌花序花序轴密被柔毛，苞片椭圆形，腹面具柔毛，子房倒卵状圆锥形，密被柔毛，花柱短，柱头 2，每个再 2 裂，具 1 个腹腺。蒴果卵状圆锥形，疏被短毛，2 瓣开裂。花期 5 月，果期 6 月。

产宁夏贺兰山，多生于向阳山坡及沟谷林缘。分布于新疆、甘肃、内蒙古等。

七十八　大戟科　Euphorbiaceae

1. 铁苋菜属　*Acalypha* L.

铁苋菜 *Acalypha australis* L.

一年生草本。茎直立。叶互生，卵形、菱状卵形或卵状披针形，先端尖或钝尖，基部楔形，边缘具钝锯齿。花序腋生；雄花多数，在花序上部排列成穗状，苞片极小，边缘具长睫毛，萼膜质，4 裂，裂片卵形，雄蕊 8；雌花生于花序下部，苞片卵形，边缘具齿，萼常 3 裂，裂片宽卵形，子房球形，花柱 3。蒴果三角状扁球形，具刺疣状突起。种子卵形，光滑，灰褐色至黑褐色。花期 6~8 月，果期 7~9 月。

宁夏黄灌区普遍分布，多生于湿润耕地、荒地或田埂边，为常见田间杂草。分布于长江及黄河中下游，以及东北、华北、华南、西南。

2. 蓖麻属 *Ricinus* L.

蓖麻 *Ricinus communis* L.

一年生草本。茎粗壮，直立。叶大形，盾状圆形，掌状7~9半裂，裂片矩圆状卵形或矩圆状披针形，边缘具不整齐的锯齿；圆锥花序顶生或与叶对生；雄花萼裂片3~5，卵状三角形，雄蕊多数；雌花萼裂片3~5，卵状披针形，子房卵形，3室，外面被软刺，花柱3，先端2裂。蒴果近球形。种子长椭圆形，具斑纹。花期7~8月，果期9~10月。

宁夏各地多在田边、沟渠边及村庄附近栽培。原产地可能在非洲东北部的肯尼亚或索马里；我国作油脂作物在华南和西南有栽培。

3. 地构叶属 *Speranskia* Baill.

地构叶（透骨消）*Speranskia tuberculata* (Bge.) Baill.

多年生草本。茎直立，多由基部分枝。叶互生，披针形或卵状披针形，先端渐尖或稍钝，基部钝圆或渐狭，边缘疏生不规则的齿牙。花单性，雌雄同株，总状花序顶生；花小，淡绿色，常数朵簇生；雄花萼片5，卵状披针形，花瓣5，膜质，倒三角形；腺体5，小型；雄蕊10~15；雌花萼片5，狭卵状披针形；花瓣短小，倒卵状菱形；腺体小；子房3室，被毛及疣刺，花柱3，2深裂。蒴果扁球状三角形，具乳头状凸起。种子卵圆形，深褐色。花期6月，果期6~7月。

产宁夏贺兰山、六盘山及盐池县等地，生于沙质土壤或石质山坡。分布于辽宁、吉林、内蒙古、河北、河南、山西、陕西、甘肃、山东、江苏、安徽、四川等。

4. 大戟属 *Euphorbia* L.

（1）乳浆大戟 *Euphorbia esula* L.

多年生草本。根粗壮，棕褐色。茎丛生，直立，单一或上部具分枝，具纵棱，无毛。叶互生，线形、线状倒披针形或线状披针形，先端尖或钝，基部渐狭或圆钝，全缘，两面无毛；营养枝上的叶较密集而狭小，无柄。总花序顶生，轮生苞叶 5~10，苞叶线状椭圆形或卵状披针形，其上生 6~10 个伞梗，茎上部叶腋生单梗，每伞梗顶端再生 1~4 个小伞梗；小苞片及苞片三角状宽菱形或宽菱形；杯状总苞倒圆锥形，先端 4 裂，腺体 4，新月形，两端具尖角；子房圆形，花柱，柱头 3，顶端再 2 裂。蒴果扁球形，光滑无毛。花期 5~6，果期 6~7 月。

产宁夏六盘山、罗山、贺兰山、固原市和盐池、灵武等地，多生于干旱山坡、草地或路边。除海南、贵州、云南和西藏外，几遍全国。

（2）地锦 *Euphorbia humifusa* Willd.

一年生草本。茎纤细，平卧，多分枝，常带紫红色，无毛。叶对生，长圆形或倒卵状长圆形，先端圆钝，基部偏斜，边缘具浅细锯齿，两面无毛或下面疏被柔毛；托叶小，分裂为丝形。杯状聚伞花序单生于小枝叶腋，总苞倒圆锥形，边缘 4 裂，裂片膜质，长三角形，具齿裂，腺体 4，横长圆形；雄花极小，5~8；子房 3 室，具 3 纵沟，花柱 3，短小，顶端 2裂。蒴果三棱状球形，无毛，光滑。种子卵形，褐色。花期 6~7 月，果期 8~9 月。

宁夏全区普遍分布，多生于山坡荒地、沙质地、河滩地或农田中。全国各地均有分布。

（3）泽漆 *Euphorbia helioscopia* L.

一年生或二年生草本。茎丛生。叶互生，倒卵形或匙形，边缘中部以上具细尖锯齿。总花序顶生，轮生苞叶 5，其上生 5 个伞梗，每伞梗顶端再生 2~3 个小伞梗，小伞梗再假2 歧式分枝，小苞叶宽卵形或与叶同形；杯状总苞黄绿色，边缘 4 裂，裂片钝，腺体 4，盾形；子房具 3 纵槽，花柱 3，顶端 2 裂。蒴果球形。种子卵圆形，褐色。花期 5~6 月，果期7~8 月。

产宁夏固原市、南华山、火石寨及盐池等县，生于沟边、路旁及山坡。除黑龙江、吉林、内蒙古、广东、海南、台湾、新疆、西藏外，全国各地均有分布。

（4）黑水大戟 *Euphorbia heishuiensis* W. T. Wang

一年生草本。茎单一直立，顶部二歧分枝。叶互生，线形或线状椭圆形，先端圆或钝圆，基部渐狭，全缘；叶柄近无。花序单生于二歧分枝顶端，基部具短柄；总苞钟状，边缘4裂，裂片卵形，边缘具缘毛；腺体4，长圆形；子房密被疣状小瘤；花柱3，分离；柱头不裂。蒴果三角状球形，具3个纵沟，密被瘤状突起；花柱宿存；成熟时分裂为3个分果爿。种子卵状，黄色。花果期5~7月。

产宁夏罗山，生于洪积扇冲沟。分布于四川和甘肃。

（5）甘肃大戟 *Euphorbia kansuensis* Prokh.

多年生草本。茎单一直立。叶互生，线形、线状披针形或倒披针形；总苞叶3~5（~8）枚，同茎生叶；苞叶2枚，卵状三角形。花序单生二歧分枝顶端，无柄；总苞钟状，边缘4裂，裂片三角状卵形，全缘；腺体4，半圆形，暗褐色。雄花多枚，伸出总苞之外；雌花子房柄伸出总苞外；子房光滑无毛；花柱3，中部以下合生；柱头2裂。蒴果三角状球形。种子三棱状卵形。花果期4~6月。

产宁夏六盘山，生于山坡、草丛、沟谷、灌丛或林缘等。分布于内蒙古、河北、山西、陕西、甘肃、青海、江苏、河南、湖北、四川等。

（6）**沙生大戟** *Euphorbia kozlovii* Prokh.

多年生草本。茎单生，直立，上部假二歧式分枝。叶椭圆形或卵状椭圆形，全缘；营养枝上的叶线形；总花序顶生，轮生苞叶 3，三角状披针形，其上生 3 个伞梗，每伞梗顶成 2~4 回假二叉分枝式，最顶端的分枝成具线形叶的营养枝；杯状聚伞花序生于枝杈间；杯状总苞宽钟形，顶端 4 裂，裂片膜质，先端齿裂，腺体 4，椭圆形或微肾形，子房球形，花柱 3，反卷，柱头微 2 裂。蒴果卵状矩圆形，灰蓝色，平滑无毛。种子光滑。花期 5~7 月，果期 6~8 月。

产宁夏罗山及同心、吴忠、中宁、灵武、盐池等市（县），多生于向阳干旱山坡及沙质地。分布于内蒙古、陕西、山西、甘肃、青海等。

（7）**甘遂** *Euphorbia kansui* Liou ex S. B. Ho

多年生草本。根细长，中下部呈稍膨大串珠状或指状的块根。茎单生或 2~3 个丛生，直立，基部常带紫色，具纵棱，无毛。叶互生，线形或线状倒披针形，先端钝，基部渐狭，全缘，两面无毛；无柄。总花序顶生，轮生苞叶 7~8，椭圆形，先端急尖且具小尖头，其上生 7~9 个伞梗，茎上部叶腋生单梗，每伞梗顶端常生 2 小伞梗；苞片及小苞片三角状宽卵形或菱状宽卵形，先端钝，具小尖头，基部宽楔形、近圆形或微心形；杯状总苞倒圆锥形，顶端 4 裂，裂片边缘具白色短毛，腺体 4，新月形，两端具尖角；子房 3 棱状球形，光滑无毛，花柱 1，柱头 3，顶端 2 裂。蒴果近球形，光滑无毛。花期 6 月，果期 7~8 月。

产宁夏六盘山，生于荒坡、田边和山坡路旁等。分布于陕西、山西、甘肃、河南等。

（8）刘氏大戟 *Euphorbia lioui* C. Y. Wu et J. S. Ma

多年生草本。茎直立，中部上多分枝。叶互生，线形至倒卵状披针形；总苞叶 4~5 枚，卵状披针形。伞幅 4~5 枚。卵圆形或近三角状卵形，先端钝或具短尖，基部平截或微凹。花序单生于二歧分枝的顶端，基部无柄；总苞杯状，边缘 4 裂，裂片半圆形，截形或微凹，内侧具少许柔毛；腺体 4，边缘齿状分裂，褐色。雄花数枚，伸出总苞之外；雌花 1 枚；子房光滑无毛；花柱 3，中部以下合生；柱头 2 深裂。蒴果不详。花期 5 月。

产宁夏贺兰山，生于插旗口沟洪积扇。分布于内蒙古。

（9）林大戟 *Euphorbia lucorum* **Rupr.**

多年生草本。茎丛生。叶互生，椭圆形或卵状矩圆形，边缘全缘。总花序顶生，轮生苞叶 5，与叶同形而稍小，其上生 5 个伞梗，有时茎上部叶腋生单梗，苞叶三角状宽卵形或棱状宽卵形；杯状总苞宽钟形，先端 4 裂，腺体 4，肾形；子房球形，具不规则的暗紫色的棒状突起，花柱 3，先端 2 裂。蒴果近球形，黄色，具不规则的棒状突起。种子卵圆形，灰褐色。

产宁夏六盘山及罗山，多生于林缘、林下、草甸或灌丛中。分布于黑龙江、吉林和辽宁。

（10）斑地锦 *Euphorbia maculata* **L.**

一年生草本。茎匍匐，被白色疏柔毛。叶对生，长椭圆形至肾状长圆形，先端钝，基部偏斜，不对称，略呈渐圆形，边缘中部以下全缘，中部以上常具细小疏锯齿；叶面绿色，中部常具有一个长圆形的紫色斑点，叶背淡绿色或灰绿色，两面无毛；托叶钻状，不分裂。花序单生于叶腋，总苞狭杯状，外部具白色疏柔毛，边缘 5 裂，裂片三角状圆形；腺体 4，黄绿色，横椭圆形，边缘具白色附属物。雄花 4~5，微伸出总苞外；雌花 1，子房柄伸出总苞外；子房被疏柔毛；柱头 2 裂。蒴果三角状卵形。种子卵状四棱形，灰色或灰棕色。花果期 4~9 月。

产宁夏引黄灌区，生于公园草坪。原产北美，归化于欧亚大陆。

（11）**甘青大戟** *Euphorbia micractina* **Boiss.**

多年生草本。叶互生，长椭圆形至卵状长椭圆形，两面无毛，全缘；总苞叶 5~8 枚，与茎生叶同形；伞幅 5~8；苞叶常 3 枚，卵圆形。花序单生于二歧分枝顶端，基部近无柄；总苞杯状，边缘 4 裂，裂片三角形或近舌状三角形；腺体 4，半圆形，淡黄褐色。雄花多枚，伸出总苞；雌花 1 枚，明显伸出总苞之外；子房被稀疏的刺状或瘤状突起，变异幅度较大；花柱 3，基部合生。蒴果球状，果脊上被稀疏的刺状或瘤状突起。种子卵状。花果期 6~7 月。

产宁夏六盘山，生于山坡、草丛或林缘。分布于河南、四川、山西、陕西、甘肃、青海、新疆和西藏。

（12）**钩腺大戟** *Euphorbia sieboldiana* **Morr. et Decne.**

多年生草本。茎直立，单一。叶互生，狭长椭圆形或椭圆状披针形，全缘。总花序顶生，轮生苞叶 5~8 个，苞叶披针形，基部常具 1 对圆钝裂片，先端圆钝或急尖，其上生 6~8 个伞梗，每伞梗顶端再分生出 2~3 个小伞梗；苞片及小苞片三角状宽卵形，先端渐尖或尾状渐尖；杯状总苞浅宽钟形，边缘 4 裂，腺体 4，新月形，两端具弯曲的尖角；子房近球形，花柱 3，柱头 2 裂。蒴果扁球形。种子卵形，棕褐色。花期 5~6 月，果期 7~8 月。

产宁夏六盘山、罗山，生于林缘、灌丛、草地或路边。分布于全国各地（除内蒙古、福建、海南、台湾、西藏、青海和新疆）。

七十九 亚麻科 Linaceae

亚麻属 *Linum* L.

（1）短柱亚麻 *Linum pallescens* Bge.

多年生草本。根直伸。茎斜升或半匍匐，自基部分枝。叶线形，稍肉质。总状聚伞花序顶生和腋生；萼片宽卵圆形；花瓣倒卵形，淡蓝色，长为萼片的 2/3；花丝基部合生成筒状，其间各具 1 小齿状退化雄蕊；花柱近基部合生，柱头近头状。蒴果近球形；花果期 6~9 月。

产宁夏贺兰山及同心等县，生于山坡草地、荒地、砾石滩地或沙质地。分布于内蒙古、陕西、甘肃、青海、新疆和西藏等。

（2）宿根亚麻 *Linum perenne* L.

多年生草本。茎直立，自基部分枝。叶互生，生殖枝上的叶线形或线状披针形，具 1 脉，叶缘稍反卷；不育枝上的叶稍密。聚伞花序具多数花；萼片卵形；花瓣宽倒卵形，蓝紫色，先端圆，微波状，基部渐狭呈楔形；雄蕊 5；花柱 5，基部合生。蒴果近球形。花期 6~7 月，果期 7 月。

产宁夏贺兰山及固原市，生于干草原、沙砾质干河滩或山地阳坡疏灌丛。分布于河北、山西、内蒙古及西北、西南等。

（3）野亚麻 *Linum stelleroides* Planch.

一年生草本。茎直立，圆柱形，自中部以上分枝，无毛。叶互生，线形或线状披针形，先端尖，全缘，基部具 3 条脉，无毛。聚伞花序，多分枝；萼片狭卵形，先端具短尖；花瓣倒卵形，淡紫色或紫蓝色，先端圆，微波状，向基渐狭呈楔形；雄蕊 5；花柱 5，基部合生，上部分离。蒴果球形或扁球形。花期 6~7 月，果期 7~9 月。

产宁夏六盘山，多生于干旱山坡或山地路边。分布于东北、华东、华北、西北等。

（4）亚麻 *Linum usitatissimum* L.

一年生草木。茎直立。叶互生，线形、线状披针形或披针形，先端锐尖，基部渐狭，全缘，具 3 条脉。花排列成疏散的聚伞花序；萼片狭卵形或卵状披针形；花瓣宽倒卵形，先端圆，微波状，基部渐狭呈楔形，蓝色或蓝紫色；雄蕊 5；花柱 5，离生。蒴果近球形，常10 裂。花期 6~7 月，果期 7~9 月。

宁夏普遍栽培。原产地中海地区，现欧、亚温带多有栽培。

八十　叶下珠科　Phyllanthaceae

白饭树属　*Flueggea* Willd.

一叶萩　*Flueggea suffruticosa* (Pall.) Baill.

落叶灌木。单叶互生，椭圆形、卵状椭圆形或倒卵状椭圆形，先端圆钝或急尖，基部楔形，全缘。花单性，雌雄异株；雄花数朵簇生叶腋；萼片 5，椭圆形或倒卵状椭圆形，大小不等，雄蕊 5，退化雌蕊常 2 裂；雌花单生或数朵簇生叶腋，萼片 5，宽卵形，子房球形，花柱短，柱头 3。蒴果扁球形，无毛。种子半圆形，褐色。花期 6~7 月，果期 8~9 月。

产宁夏贺兰山和罗山，生于向阳石质山坡或山地灌丛中。除甘肃、青海、西藏和新疆之外，全国广布。

八十一　牻牛儿苗科　Geraniaceae

1. 老鹳草属　*Geranium* L.

（1）块根老鹳草　*Geranium dahuricum* DC.

多年生草本。根下部生有一簇长纺锤形的肉质块根。茎直立。叶对生，叶片肾状圆形，掌状 7 深裂几达基部，裂片菱状卵形或披针形，中部以上再不规则羽裂，小裂片披针形或线状椭圆形；托叶狭卵形，先端常 2 裂，具芒尖，淡褐色。花序叶腋生，具 2 花；苞片披针形，先端长渐尖；萼片长椭圆形；花瓣倒卵形，紫红色，先端圆，基部渐狭且具白色密毛；花丝基部扩展部分具缘毛。蒴果被毛。花期 7 月，果期 8~9 月。

产宁夏六盘山及南华山，生于海拔 2500m 左右的山地草甸或亚高山草甸。分布于辽宁、吉林、黑龙江、内蒙古、河北、山西、陕西、甘肃、青海、四川和西藏等。

（2）**毛蕊老鹳草** *Geranium eriostemon* **Fisch. ex DC.**

多年生草本。茎直立，单一或自基部分枝。叶互生，肾状五角形，掌状 5 中裂或稍深；裂片菱状卵形，边缘具浅的缺刻或圆的粗齿牙；基生叶有长柄，茎生叶具短柄，顶生叶几无柄；托叶披针形。聚伞花序顶生或腋生，2~3 个总花梗出自 1 对叶状苞腋内，各具花 2~4 朵。萼片长椭圆形或长卵形；花瓣宽倒卵形，蓝紫色，先端圆，基部具毛；雄蕊与萼片等长或稍长，基部稍扩展，具毛；子房被毛。蒴果，具喙，被开展的柔毛及腺毛。花期 6~7 月，果期 7~9 月。

产宁夏六盘山、罗山、南华山，生于山坡林下、灌丛或草甸中。分布于东北、华北及陕西、甘肃、青海、四川等。

（3）草甸老鹳草 *Geranium pratense* L.

多年生草本。茎直立或斜升。叶对生，肾状圆形，通常 7 深裂几达基部，裂片菱状卵形或菱状楔形，裂片羽状深裂，小裂片线状椭圆形或披针形；顶端叶片 3~5 深裂；基生叶具长柄，茎生叶具短柄，顶生叶几无柄；托叶披针形。聚伞花序顶生或腋生，萼片长椭圆形或卵状长椭圆形；花瓣宽倒卵形，蓝紫色。蒴果。花期 6~7 月，果期 7~9 月。

产宁夏六盘山，生于山地草甸和亚高山草甸。分布于辽宁、吉林、黑龙江、内蒙古、山西、西北、四川和西藏。

（4）鼠掌老鹳草 *Geranium sibiricum* L.

多年生草本。茎细弱，伏卧或上部斜升。叶对生；下部叶宽肾状五角形，掌状 5 深裂，基部宽心形；裂片倒卵状楔形或倒卵状菱形，具羽状深裂及齿状深缺刻；上部叶 3 深裂。花单生，稀 2 朵，腋生或顶生，花梗近中部具 2 披针形苞片，果期花梗常弯曲；萼片长卵形；花瓣稍长于萼片，倒卵形，白色或淡紫红色，基部渐狭成爪，基部微有毛；花丝基部扩展部分具缘毛；花柱合生部分极短。花期 6~7 月，果期 7~9 月。

宁夏全区均有分布，生于山坡草地、林缘、荒地、田边和路旁。分布于东北、华北、华中、西北及四川、西藏等。

2. 牻牛儿苗属　*Erodium* L'Hér. ex Aiton

牻牛儿苗　*Erodium stephanianum* Willd.

一年生或二年生草本。茎多分枝，平铺或斜升。叶对生，叶片卵形或椭圆状三角形，2回羽状深裂；1回羽片5~7个，基部下延；小羽片线形，具3~5个粗齿；托叶线状披针形。伞形花序叶腋生，具2~5朵花；萼片长椭圆形；花瓣倒卵形，淡紫色或紫蓝色，先端钝圆，基部具白色长柔毛。蒴果，成熟时5果瓣与中轴分离，喙呈螺旋状卷曲。花期4~5月，果期6~9月。

宁夏全区均有分布，生于山坡草地、砂质河滩地、田边和路旁。分布于东北、华北、华中、西北及云南、西藏等。

八十二　千屈菜科　Lythraceae

千屈菜属　*Lythrum* L.

千屈菜　*Lythrum salicaria* L.

多年生草本。茎直立，四棱形或六棱形。单叶，上部互生，下部对生或3叶轮生，披针形或狭披针形，先端渐尖，基部圆形或心形。总状花序顶生，苞片卵状披针形，每一苞腋内着生3~4朵花；花萼筒状；花瓣6，倒卵状披针形，紫红色，先端圆，基部楔形；雄蕊12，6长6短；子房上位，卵状椭圆形，花柱单一，柱头头状。蒴果。花期7~8月。

产宁夏黄灌区，多生于河岸、湖边、沟渠边或低洼湿地。南北各地均有分布。

八十三 柳叶菜科 Oenotheraceae

1. 露珠草属 *Circaea* L.

（1）高山露珠草 *Circaea alpina* L.

多年生草本。茎直立。叶对生，叶片卵状三角形或卵形，边缘疏具粗锯齿，边缘具缘毛。总状花序顶生和腋生，花序轴疏被短柔毛；萼片卵形，紫红色，反折；花瓣白色或淡紫红色，倒卵形，与萼片近等长，顶端凹缺；雄蕊2；子房1室，花柱细，与花丝近等长，柱头头状。果实倒卵状棒形，被钩状毛。花期6~7月，果期7~8月。

产宁夏六盘山，生于林下、林缘、山谷水边或阴湿的石隙中。分布于东北、华北、西北、西南、华中或华东。

（2）露珠草 *Circaea cordata* Royle

粗壮草本。叶狭卵形至宽卵形，基部常心形，先端短渐尖，边缘具锯齿至近全缘。单总状花序顶生，萼片卵形至阔卵形，白色或淡绿色，开花时反曲，先端钝圆形，花瓣白色，倒卵形至阔倒卵形，先端倒心形，凹缺深至花瓣长度的 1/2~2/3，花瓣裂片阔圆形；雄蕊伸展，略短于花柱或与花柱近等长；蜜腺不明显，全部藏于花管之内。果实蒴果，斜倒卵形至透镜形。花期 6~8 月，果期 7~9 月。

产宁夏六盘山，生于林下、山谷溪流边。分布于黑龙江、吉林、辽宁、河北、山西、陕西、甘肃、山东、安徽、浙江、江西、台湾、河南、湖北、湖南、四川、贵州、云南和西藏。

2. 倒挂金钟属　*Fuchsia* L.

倒挂金钟 *Fuchsia hybrida* Hort. ex Sieb. et Voss.

小灌木。小枝细长，无毛或幼时略被柔毛。叶对生，卵形或长卵形，先端尖，基部圆形，边缘疏生细锯齿，两面无毛；叶柄扁平。花单生叶腋，具长柄，下垂；萼裂片 4，深红色，长圆状披针形，与萼筒近等长；花瓣 4，紫红色，宽倒卵形，先端微凹，稍短于萼片；雄蕊外露；花柱长于雄蕊。花期 6~8 月。

宁夏各公园及一些家庭盆栽供观赏。原产拉丁美洲。

3. 柳叶菜属 *Epilobium* L.

（1）柳兰 *Epilobium angustifolium* L.

多年生草本。茎直立，单生。叶互生，披针形、长圆状披针形或线状披针形，先端渐尖或长渐尖，基部楔形，边缘全缘或疏具细腺齿。总状花序顶生，萼裂片线状披针形；花瓣紫红色，倒卵形，先端圆；雄蕊 8，不等长；花柱粗壮，上部紫红色，疏被白色短柔毛，柱头 4 裂。蒴果紫红色。花期 6~7 月，果期 8~9 月。

产宁夏贺兰山和六盘山，生于山坡草地或林缘。分布于东北、华北、西北至西南。

（2）光滑柳叶菜 *Epilobium amurense* Hausskn. subsp. *cephalostigma* (Hausskn.) C.J.Chen

多年生草本。茎常多分枝，上部周围只被曲柔毛，无腺毛，中下部具不明显的棱线，但不贯穿节间，棱线上近无毛；叶长圆状披针形至狭卵形，基部楔形；叶柄长 1.5~6mm；花较小，长 4.5~7mm；萼片均匀地被稀疏的曲柔毛。花期 6~8（~9）月，果期 8~9（~10）月。

产宁夏六盘山，生于山谷溪边。分布于黑龙江、吉林、辽宁、河北、山东、陕西、甘肃、安徽、浙江、江西、福建、广东、广西、湖南、湖北、四川、贵州和云南。

（3）多枝柳叶菜 *Epilobium fastigiatoramosum* Nakai

多年生草本。茎直立，具分枝。叶对生，披针形或卵状披针形，全缘，两面无毛；无叶柄。花单生上部叶腋；萼裂片卵状披针形，先端尖，背面被短柔毛；花瓣白色，倒卵状椭圆形，顶端凹缺；花柱柱头头状。蒴果圆柱形，密被短柔毛。花果期7~9月。

产宁夏贺兰山、罗山及中卫、中宁等市（县），生于山谷溪边或沼泽边、渠沟旁。分布于黑龙江、吉林、辽宁、内蒙古、河北、山西、山东、陕西、甘肃、青海和四川。

（4）柳叶菜 *Epilobium hirsutum* L.

多年生草本。茎直立，密被白色长柔毛。茎下部叶对生，上部叶互生；叶片椭圆状披针形或长椭圆形，边缘具细锯齿。花单生茎上部叶腋；萼裂片披针形，外面密被白色长柔毛；花瓣紫红色，倒卵形。先端2裂；花柱较雄蕊长，柱头4裂。蒴果。花期7~8月，果期8~9月。

产宁夏六盘山及中卫、平罗等市（县），生于溪流边、沟边、河边和沼泽地。分布于东北及内蒙古、陕西、甘肃等。

（5）细籽柳叶菜 *Epilobium minutiflorum* Hausskn.

多年生草本。茎直立，具多数分枝。叶对生，或上部的互生，披针形或长椭圆状披针形，先端渐尖，基部楔形，边缘具不整齐的细锯齿。花单生茎上部叶腋，花梗短，被白色短柔毛；萼裂片披针形，背面被短柔毛；花瓣淡紫红色，倒卵形，顶端浅 2 裂；花柱柱头头状。蒴果圆柱形，被白色短毛。花期 6~7 月，果期 7~9 月。

产宁夏贺兰山、六盘山及引黄灌区各县，生于山谷溪边、沼泽边、沟渠旁。分布于东北、华北及河南、陕西、甘肃、四川、湖北、浙江等。

（6）小花柳叶菜 *Epilobium parviflorum* Schreber.

多年生草本。茎直立。叶对生，茎上部的互生，狭披针形或长圆状披针形，先端近锐尖，基部圆形，边缘具齿，侧脉每侧 4~8 条；总状花序直立；萼片狭披针形；花瓣粉红色至鲜玫瑰紫红色，稀白色，宽倒卵形，先端凹缺；雄蕊长圆形；柱头 4 深裂，裂片长圆形，与雄蕊近等长。蒴果；种子倒卵球状，有种缨，深灰色或灰白色。花期 6~9 月，果期 7~10 月。

产宁夏六盘山，生于河谷、溪流和荒坡草地。分布于内蒙古、河北、山西、山东、河南、陕西、新疆、湖南、湖北、四川、贵州和云南。

（7）长籽柳叶菜 *Epilobium pyrricholophum* **Franch.**

多年生草本。茎直立。茎下部叶对生，上部互生；叶片卵形至卵状披针形，基部近圆形，边缘具不规则疏锯齿，脉上被短腺毛。花单生叶腋；萼裂片 4，外面被短腺毛；花瓣淡红紫色，宽倒卵形，先端凹；柱头棒状，稍短于花柱。蒴果圆柱形，被短腺毛。花期 6~7月，果期 7~9 月。

产宁夏六盘山，生于海拔 2100m 左右的山谷溪边或湿地。分布于浙江、江西、湖南、湖北和云南。

（8）滇藏柳叶菜 *Epilobium wallichianum* **Hausskn.**

多年生草本。茎直立，多分枝，微具棱。下部叶对生，上部叶互生，狭卵形、卵状椭圆形或椭圆形，先端钝圆，基部楔形，边缘具细锯齿。花单生上部叶腋，花梗被白色短曲毛；萼裂片卵状披针形，先端尖，具腺体，背面疏被柔毛；花瓣蓝紫色，倒卵形；花柱柱头头状扁平。蒴果圆柱形。花期 7 日，果期 8~9 月。

产宁夏六盘山，生于山谷溪边或林下阴湿处。分布于甘肃、贵州、湖北、四川、西藏和云南。

4. 月见草属　*Oenothera* L.

月见草 *Oenothera glazioviana* Mich.

二年生草本。茎直立，粗壮，具分枝。茎下部叶具柄，长椭圆状披针形，茎上部叶渐小，无柄或几无柄，长卵形或披针形，边缘呈波形，具细齿。花单生枝端叶腋，密集成穗状，无柄；萼裂片 4，披针形，反折；花瓣 4，倒卵形或倒心脏形，金黄色；柱头 4 裂。蒴果圆筒形，先端锐尖，疏被长毛。花期 7~8 月。

宁夏各地庭院见有栽培。我国广泛栽培，供观赏。

八十四　省沽油科　Staphyleaceae

省沽油属　*Staphylea* L.

膀胱果 *Staphylea holocarpa* Hemsl.

乔木。小枝黑褐色，略具纵棱。羽状三出复叶对生；小叶片椭圆形或倒卵状椭圆形，先端短渐尖，基部楔形或宽楔形，稀近圆形，边缘具细锯齿。圆锥花序叶腋生，具细长总花梗；萼片宽椭圆形，先端圆，基部合生；花白色或粉红色，花瓣倒卵状披针形，先端圆；子房 3 室，中部以下合生，花柱 3，子房上部及花柱下部被长柔毛。蒴果梨形或椭圆形，先端3 浅裂。花期 5 月，果期 8~9 月。

产宁夏六盘山，生于海拔 1900m 左右的山谷阳坡杂木林中。分布于陕西、甘肃、湖北、湖南、广东、广西、贵州、四川、西藏等。

八十五　熏倒牛科　Biebersteiniaceae

熏倒牛属　*Biebersteinia* Stephan

熏倒牛 *Biebersteinia heterostemon* Maxim.

一年生草本。具浓烈腥臭味，全株被深褐色腺毛和白色糙毛。茎单一，直立，上部分枝。叶为三回羽状全裂，末回裂片狭条形或齿状；基生叶和茎下部叶具长柄，上部叶柄渐短或无柄；托叶半卵形。花序为圆锥聚伞花序，由3花构成的多数聚伞花序组成；苞片披针形；萼片宽卵形；花瓣黄色，倒卵形，稍短于萼片，边缘具波状浅裂。蒴果肾形。种子肾形。花期7~8月，果期8~9月。

产宁夏南华山、香山及中宁、隆德等县，生于山坡、河滩地和杂草坡地。分布于甘肃、青海和四川。

八十六 白刺科 Nitrariaceae

1. 白刺属 *Nitraria* L.

（1）小果白刺 *Nitraria sibirica* Pall.

矮小灌木。茎直立或弯曲，或有时横卧；树皮淡黄白色，具纵条棱。叶肉质，无柄，在嫩枝上多 4~6 个簇生，倒披针形或披针状匙形，先端圆或突尖，基部渐狭呈楔形，全缘。花小，排列成顶生多分枝的蝎尾状聚伞花序，花序轴密被短毛；萼片 5，近三角形；花瓣 5，长椭圆形，先端尖，内曲呈帽状；雄蕊 10~15 个，与花瓣等长或稍短；子房密被白色伏毛，椭圆形，柱头 3。核果卵形，深紫红色。花期 5~6 月，果期 7~8 月。

宁夏全区普遍分布，同心县以北地区最为普遍，多生于低洼盐碱地及固定或半固定沙丘。分布于东北、华北及西北。

（2）白刺 *Nitraria tangutorum* Bobr.

灌木。茎直立、斜升或平卧，灰白色。叶肉质，在嫩枝上常 2~3 片簇生，倒卵状披针形或长椭圆状匙形，先端圆，具小尖头，基部渐狭呈楔形；托叶三角状披针形，膜质，棕色。花小，排列为多分枝的顶生蝎尾状聚伞花序；萼片 5，卵形或三角形；花瓣黄白色，椭圆形，先端圆，内曲；雄蕊 10~15 个；子房密被白色伏毛，柱头 3，无花柱。核果卵形或椭圆形，深红色。花期 5~6 月，果期 7~8 月。

产宁夏石嘴山、平罗、银川、青铜峡及中卫等市（县），多生于固定或半固定沙丘或低洼盐碱地。分布于陕西、内蒙古、甘肃、青海、新疆及西藏等。

（3）大白刺 *Nitraria roborowskii* **Kom.**

灌木。多分枝，平卧，枝先端刺针状。叶 2~3 片簇生，矩圆状匙形或狭倒卵形，先端圆钝或平截，全缘或先端具不规则 2~3 齿裂。聚伞状花序顶生；萼片 5，花瓣 5。核果卵形或椭圆形；果核狭卵形。花期 6 月，果期 7~8 月。

产宁夏银川、中卫、陶乐、盐池、中宁等市（县），生于盐碱地的沙堆或河滩地。分布于内蒙古、甘肃、陕西、青海、新疆等。

2. 骆驼蓬属　*Peganum* L.

（1）多裂骆驼蓬 *Peganum harmala* L. var. *multisecta* **Maxim.**

多年生草本。根粗壮，直生，褐色。茎直立或斜升，多由基部分枝，具纵棱。叶稍肉质，2回羽状全裂，裂片线形，先端锐尖，边缘稍反卷。花单生；萼片常5全裂，裂片线形，稀3全裂，稍长于花瓣；花瓣白色或浅黄色，倒卵状矩圆形；雄蕊15个，花丝中下部宽扁；子房3室，柱头3棱形。蒴果近球形，褐色，3瓣裂。种子黑褐色，具蜂窝状网纹。花期6~7月，果期7~8月。

产宁夏贺兰山、罗山、南华山及同心、西吉、海原等市（县），生于干旱山坡、沙地及盐碱荒地。分布于内蒙古、甘肃、新疆和西藏。

（2）骆驼蓬 Peganum harmala L.

多年生草本。茎直立或开展，由基部多分枝。叶互生，卵形，全裂为3~5条形或披针状条形裂片。花单生枝端，与叶对生；萼片5，裂片条形，有时仅顶端分裂；花瓣黄白色，倒卵状矩圆形；雄蕊15，花丝近基部宽展；子房3室，花柱3。蒴果近球形，种子三棱形，稍弯，黑褐色、表面被小瘤状突起。花期5~6月，果期7~9月。

产宁夏中宁县，生于荒漠地带干旱草地、田边或沙丘。分布于内蒙古、甘肃、新疆和西藏。

（3）骆驼蒿 *Peganum nigellastrum* Bge.

多年生草本。全株被短硬毛。茎丛生，灰黄色，直立、斜升或基部平铺，具纵棱，被短硬毛。叶稍肉质，2~3 回羽状全裂，裂片针状线形，先端渐尖，背面及边缘被短硬毛。花单生，顶生或腋生；萼片稍长于花瓣，5~7 全裂，裂片针形，疏被短硬毛；花瓣白色或淡黄色，椭圆形或矩圆形；雄蕊 15 个；子房 3 室，柱头 3 棱形。蒴果近球形，黄褐色，3 瓣裂。种子纺锤形，黑褐色，具疣状小突起。花期 5~7 月，果期 6~8 月。

宁夏全区普遍分布，多生于沙地、砾质地、黄土丘陵、路边及村庄附近。分布于内蒙古、陕西、甘肃等。

八十七　漆树科　Anacardiaceae

1. 盐肤木属　*Rhus* Tourn. ex L.

（1）盐肤木 *Rhus chinensis* Mill.

落叶小乔木或灌木。奇数羽状复叶，有小叶（2~）3~6 对，叶轴具宽的叶状翅，小叶自下而上逐渐增大；小叶卵形或椭圆状卵形或长圆形，边缘具粗锯齿或圆齿。圆锥花序宽大，多分枝，雄花序密被锈色柔毛；苞片披针形，花白色；雄花的花萼裂片长卵形，花瓣倒卵状长圆形，开花时外卷，雄蕊伸出，花丝线形，子房不育；雌花的花萼裂片较短，花瓣椭圆状卵形，雄蕊极短，花盘无毛，子房卵形，花柱 3，柱头头状。核果球形，被具节柔毛和腺毛，成熟时红色。花期 8~9 月，果期 10 月。

产宁夏六盘山，生于向阳山坡、沟谷、溪边的疏林或灌丛中。我国除辽宁、吉林、黑龙江、内蒙古和新疆外，其余各地均有。

（2）青麸杨 *Rhus potaninii* Maxim.

小乔木。树皮灰色，粗糙。叶互生，奇数羽状复叶，具 7~9 片小叶，长卵形、卵状椭圆形至狭长卵形，先端渐尖或长渐尖，基部圆形至宽楔形，全缘，有时下部具 2~3 对粗锯齿。圆锥花序顶生；花小，白色；萼片 5，三角状锥形；花瓣 5，卵形；雄蕊 5；子房被柔毛，柱头 3 裂。核果近球形，下垂，血红色，密被柔毛。花期 5~6 月，果期 8~9 月。

宁夏银川市及贺兰山有栽培。分布于浙江、湖北、江西、陕西、甘肃、河南、四川、云南等。

（刘冰 拍摄）

（3）**火炬树 *Rhus typhina* L.**

小乔木。叶互生，奇数羽状复叶，具17~25片小叶；小叶片椭圆状披针形或披针形，先端长渐尖，基部圆形或宽楔形，边缘具锯齿，有时成重锯齿；无小叶柄。圆锥花序顶生，紧密；萼裂片5，稀6，三角状钻形；花瓣5，狭卵形；雄蕊5，较花瓣短；花盘5浅裂；子房卵球形。

宁夏银川市、固原市及中卫市有栽培。原产美洲。

（4）**羽裂火炬树 *Rhus typhina* L. f. *dissecta* Rehd.**

本变型与正种的区别在于小叶片宽可达5cm，上部羽状深裂，下部羽状全裂，小裂片线状披针形或披针形，边缘具不规则的羽状深裂或全缘。

产地同正种。

2. 黄栌属 *Cotinus* (Tourn.) Mill.

红叶 *Cotinus coggygria* Scop. var. *cinerea* Engl.

灌木。单叶互生，近圆形或卵圆形，先端圆，基部圆形或宽楔形，全缘；叶柄，具纵沟棱，被短柔毛。圆锥花序顶生；花杂性，花瓣卵形或卵状披针形，5 数，黄色；雄蕊 5，花盘 5 裂，紫褐色；子房近球形，花柱 2~3，侧生。核果小，肾形，红色。

宁夏银川市及贺兰山苏峪口有栽培。分布于山东、浙江、湖北、河北、山西、陕西、甘肃、河南等。

3. 漆树属 *Toxicodendron* (Tourn.) Mill.

漆树 *Toxicodendron vernicifluum* (Stokes) F. A. Barkl.

乔木。树皮灰白色，粗糙，具不规则纵裂；小枝粗壮，淡黄色，被棕色柔毛。奇数羽状复叶，互生，具小叶 5~13 个；小叶片卵形或卵状长椭圆形，先端渐尖，基部圆形至宽楔形，全缘。圆锥花序叶腋生；花杂性或雌雄异株；花小，黄绿色，萼 5 裂，长圆形；花瓣 5，卵状矩圆形，有紫色脉纹，长为萼裂片的 2 倍；雄蕊 5；子房卵圆形，花柱短，柱头 3 裂。核果扁球形，黄绿色。花期 5~6 月，果 9~10 月。

产宁夏六盘山，生于海拔 1800~2000m 的山谷杂木林中。除辽宁、吉林、黑龙江、内蒙古、新疆之外，分布几遍全国。

八十八　无患子科　Sapindaceae

1. 文冠果属　*Xanthoceras* Bge.

文冠果　*Xanthoceras sorbifolia* Bge.

落叶灌木或小乔木。树皮灰褐色。奇数羽状复叶，互生，具 9~19 个小叶，叶下部的小叶互生，上部的小叶对生；小叶长椭圆形至披针形，先端锐尖，基部渐狭，边缘具尖锐锯齿。总状花序顶生；萼裂片 5，椭圆形；花瓣 5，倒卵状披针形，白色，基部紫红色；花盘裂片背面有 1 角状附属物；雄蕊 8；子房椭圆形，被绒毛，花柱直立，柱头头状。蒴果灰绿色，3 瓣裂。种子近球形，暗褐色。花期 4~5 月，果期 7~8 月。

产宁夏贺兰山、罗山及同心、盐池等县，野生于丘陵山坡等处，宁夏各地也常栽培。东北、华北及河南、陕西、甘肃有分布。

2. 槭属　*Acer* L.

（1）深灰枫　*Acer caesium* Wall. ex Brandis

落叶乔木。树皮灰色。叶圆形或肾形，5 浅裂，裂片三角形，先端短渐尖，边缘具不整齐的粗锯齿，基部心形或深心形。伞房花序生于有叶小枝的顶端；花杂性，雄花与两性花同株；萼片 5，长圆形；花瓣 5，白色，狭卵状长圆形，与萼片近等长；雄蕊 8；子房紫红色，花柱 2 裂，柱头反卷。翅果，张开近直立；小坚果凸起。花期 6 月，果期 7~9 月。

产宁夏六盘山，生于山谷杂木林中。分布于甘肃、河南、湖北、陕西、四川、云南和西藏等。

（2）长尾枫 *Acer caudatum* Wall.

落叶乔木。树皮灰黄色或灰褐色，片状剥落。叶近圆形，5 浅裂，稀 7 浅裂，裂片三角状宽卵形，先端尾状渐尖，基部心形或深心形，边缘具不规则的细重锯齿。总状圆锥花序，生于有叶短枝的顶端；花杂性，雄花与两性花同株；萼片 5，椭圆形；花瓣 5，倒披针形；雄蕊 8，较花瓣短，花药紫红色；子房密被白色长毛，在雄花中不发育，花柱，柱头 2 裂。翅果，张开成锐角。花期 6 月，果期 7~8 月。

产宁夏六盘山，生于海拔 2200~2400m 的山谷杂木林中。分布于湖北、河南、陕西、甘肃、四川、西藏等。

（3）青榨枫 *Acer davidii* Franch.

落叶乔木。树皮绿色，有黑色条纹。叶卵形或宽卵形，先端渐尖，具长尾，基部圆形或近心形，边缘具不规则的圆锯齿。总状花序下垂，生于有叶小枝的顶端；花杂性，雄花与两性花同株；萼片 5，椭圆形；花瓣 5，倒卵形，与萼片近等长；雄蕊 8，在雄花中稍长于花瓣，在两性花中不发育；子房被红褐色的短柔毛，花柱细瘦，无毛，柱头反卷。翅果张开成水平或几达水平；小坚果圆卵形。花期 5 月，果期 6~7 月。

产宁夏六盘山，生于海拔 2000~2100m 的向阳山坡林缘。分布于华北、华东、西北、中南及西南。

（4）五尖枫 *Acer maximowiczii* Pax

落叶小乔木。树皮黑褐色，平滑。叶卵形或三角状卵形，5 裂，中裂片长，卵形，先端尾状长渐尖，基部 2 裂片小，先端急尖，边缘具紧贴的重锯齿，基部心形。总状花序，生于有叶小枝的顶端；花单性，雌雄异株；雄花萼片 5，倒卵状椭圆形，花瓣 5，倒卵形，与萼片等长，先端圆，雄蕊 8，花盘褐色，微裂，子房不发育；雌花萼片 5，椭圆形，花瓣 5，卵状长圆形，长于萼片，雄蕊极短，不发育，子房紫色，无毛，花柱很短，柱头反卷。翅果黄棕色，张开成钝角；小坚果宽卵形。花期 6 月，果期 7~8 月。

产宁夏六盘山，生于海拔 2000~2300m 的阴坡或山谷杂木林中。分布于山西、河南、陕西、甘肃、青海、四川、贵州、湖南、湖北和广西等。

（5）梣叶槭 *Acer negundo* L.

落叶乔木。树皮暗灰色，浅纵裂。叶为奇数羽状复叶，小叶 3~7，卵形、椭圆形或椭圆状披针形，先端渐尖，基部圆形或楔形，常偏斜，全缘或中部以上具不规则的疏锯齿或浅裂。花单性，雌雄异株；雄花序为伞房花序，雌花序为总状花序，下垂；雄花无花瓣及花盘，雄蕊 5；雌花萼片 5，基部合生，无花瓣及花盘，子房红色，无毛。翅果黄绿色，张开成锐角；小坚果。花期 4~5 月，果期 6~8 月。

宁夏全区各地多栽培，常作行道树。原产北美洲，我国各地普遍栽培。

（6）细裂枫 *Acer pilosum* Maxim. var. *stenolobum* (Rehder) W. P. Fang

落叶乔木。小枝灰白色。叶三角形，3 深裂，裂片长椭圆状披针形，中裂片直伸，先端稍钝，裂片中上部具 1~2 对粗锯齿，侧裂片平展，裂片中上部具 1~2 对不规则的粗锯齿或全缘，叶片基部截形或宽楔形。花淡绿色，杂性，雄花与两性花同株；萼片 5，卵形，花瓣5，长圆形或线状长圆形，与萼片近于等长或略短小；雄蕊 5，生于花盘内侧的裂缝间；雄花的花丝较萼片约长 2 倍；两性花的花丝则与萼片近于等长，花药卵圆形，花柱 2 裂达中段，柱头反卷。翅果，张开成钝角；小坚果卵状椭圆形。果期 8~9 月。

产宁夏贺兰山、六盘山、罗山、香山及南华山，生于向阳山坡的疏林中。分布于内蒙古、陕西、甘肃等。

（7）四蕊槭 *Acer stachyophyllum* Hiern subsp. *betulifolium* (Maximowicz) P. C. de Jong

落叶乔木。树皮平滑，灰褐色；叶卵形、卵状长圆形或宽卵形，先端尾状渐尖，基部圆形、截形，稀微心形，边缘具不规则的粗锯齿。总状花序；花单性，雌雄异株；雄花序短，具 3~5 朵花；雌花序具 5~8 朵花；萼片 4，卵形；花瓣 4，长圆状椭圆形，与萼片近等长；雄蕊 4；子房紫色，花柱较短，柱头反卷。翅果黄褐色，张开成直角或钝角；小坚果长卵圆形。花期 5 月，果期 7~9 月。

产宁夏六盘山，生于海拔 2000~2400m 的山地阴坡或沟谷杂木林中。分布于河南、陕西、甘肃、四川、云南等。

（8）陕甘枫 *Acer shenkanense* W. P. Fang ex C. C. Fu

落叶乔木。叶椭圆形或近圆形，通常 5 裂，有时 3 裂，裂片宽三角状卵形或三角状披针形，先端长渐尖，基部心形，裂片边缘全缘。花杂性，雄花和两性花同株；伞房状聚伞花序生于有叶小枝的顶端；萼片 5，椭圆形，先端圆钝；花瓣 5，卵形，先端圆，基部具爪；雄蕊，花药椭圆形，黄色；花柱短，柱头 2 裂，反卷。翅果黄绿色，有时稍带紫红色，张开成钝角或近于水平状；小坚果卵状宽椭圆形，压扁状。花期 5 月，果期 6~8 月。

产宁夏六盘山，生于海拔 2000~2300m 的山坡杂木林中或山谷林缘。分布于甘肃、湖北、陕西、四川等。

（9）元宝枫 *Acer truncatum* Bge.

落叶乔木。树皮灰色或灰褐色，粗糙，常纵裂。叶椭圆形，通常掌状5裂，有时3裂，裂片三角状宽卵形或三角状卵形，先端尾状长渐尖，基部截形或浅心形，裂片全缘。花杂性，雄花与两性花同株，圆锥状伞房花序，生于具叶小枝的顶端；萼片5，黄绿色，狭长圆形；花瓣5，淡白色，椭圆形或倒卵状椭圆形；雄蕊8；花柱短，柱头2裂，反卷。翅果，张开成钝角；小坚果。花期5月，果期6~8月。

产宁夏六盘山，生于海拔1900~2200m的山坡杂木林中。分布于吉林、辽宁、内蒙古、河北、山西、山东、江苏、河南、陕西、甘肃等。

（10）茶条枫 *Acer tataricum* subsp. *ginnala* (Maximowicz) Wesmael

落叶小乔木。树皮灰褐色或深灰色，稍纵裂；叶卵状长椭圆形或长椭圆形，先端渐尖或尾状渐尖，基部微心形，3~5浅裂，各裂片均向前伸展，裂片边缘具不规则的重锯齿。花杂性，雄花与两性花同株；伞房状聚伞花序生于有叶枝的顶端；苞片线形；萼片5，卵形，具缘毛；花瓣5，卵状长圆形；雄蕊8，与花瓣近等长，生于花盘内侧；子房密被白色长柔毛，柱头2裂。翅果，果翅平行或稍重叠；小坚果斜三角状卵形。花期5~6月，果期7~8月。

产宁夏六盘山，生于海拔2100m左右的阴坡杂木林中或山谷林缘。分布于甘肃、河北、黑龙江、河南、江苏、江西、辽宁、吉林、内蒙古、山东、陕西、山西等。

3. 栾属　*Koelreuteria* Laxm.

栾树 *Koelreuteria paniculata* Laxmann

小乔木。奇数羽状复叶，有时成 2 回羽状复叶或不完全的 2 回羽状复叶，具 7~15 个小叶，对生或互生，卵形或卵状披针形，先端渐尖或急尖，基部斜楔形或截形，边缘具不规则的粗锯齿或羽状分裂，基部常具缺刻状的深裂。圆锥花序顶生，花萼 5 深裂；花瓣 4，线状长椭圆形；雄蕊 8；子房 3 室。蒴果膨胀，膜质，长椭圆状卵形，3 瓣裂。种子球形，黑色。花期 6~7 月，果期 9 月。

宁夏银川地区有栽培，作庭园绿化树种。分布于东北、华北、华东、西南及陕西、甘肃等。

八十九　芸香科　Rutaceae

1. 拟芸香属　*Haplophyllum* A. Juss.

（1）北芸香 *Haplophyllum dauricum* (L.) G. Don

多年生草本。茎由基部丛生。单叶互生，无柄，全缘，线状披针形至狭矩圆形，灰绿色，茎下部叶较小，倒卵形或倒卵状长圆形，中脉不明显，两面具腺点。伞房状聚伞花序顶生；花黄色；萼片 5，绿色，卵状三角形；花瓣 5，椭圆形，边缘膜质，中脉隆起，沿中脉两侧有粗大腺点；雄蕊 10；子房 3 室。蒴果顶端开裂。种子肾形，黄褐色，表面具皱纹。花期 5~7 月，果期 8~9 月。

产宁夏罗山、南华山、香山及盐池等市（县），生于石质干旱山坡。分布于黑龙江、内蒙古、河北、新疆、甘肃等。

（2）针枝芸香 *Haplophyllum tragacanthoides* Diels

矮小半灌木。茎由基部丛生。叶矩圆状倒披针形或狭椭圆形，先端锐尖或钝，基部渐狭，边缘具疏锯齿，两面灰绿色，无毛，具黑色腺点。花单生茎顶；花萼 5 深裂，裂片卵形至宽卵形；花瓣黄色，宽卵形或卵状矩圆形，边缘膜质，白色，沿中脉两侧绿色，具腺点；子房扁球形，4~5 室。蒴果顶端开裂。种子肾形，表面具皱纹。花期 6 月，果期 7~8 月。

产宁夏贺兰山，生于石质干旱山坡。分布于内蒙古和甘肃等。

2. 白鲜属　*Dictamnus* L.

白鲜 *Dictamnus dasycarpus* Turcz.

多年生草本。叶互生，奇数羽状复叶，密集于茎的中部，具 9~15 片小叶，小叶片卵状披针形或矩圆状披针形，先端渐尖，基部宽楔形，稍偏斜，边缘具细锐齿，常反卷。总状花序顶生；小苞片线状披针形或披针形；萼片披针形，淡紫红色；花瓣倒披针形或长椭圆形，具数条紫红色脉纹，背面具腺点；雄蕊 10；子房上位，具柄，倒卵圆形，5 深裂，密被腺点及柔毛，花柱短粗，密被短柔毛。蒴果。种子黑色，球形。花期 6~7 月，果期 7~9 月。

产宁夏六盘山，生于林缘草地或向阳山坡草丛中。分布于东北、华东、华北及陕西、甘肃等。

3. 黄檗属　*Phellodendron* Rupr.

黄檗 *Phellodendron amurense* Rupr.

落叶乔木。树皮外层厚，淡灰色，具深沟裂。奇数羽状复叶，具 7~11 片小叶，小叶片卵状披针形至卵形，先端渐尖或尾尖，基部宽楔形或近圆形，边缘具钝圆齿，齿间具透明腺点。花小，排列成圆锥花序；花萼 5 深裂，裂片宽卵状三角形；花瓣 5，卵状椭圆形，外面光滑或疏具瘤状腺点；雄花雄蕊 5 个，较花瓣长；雌花雄蕊退化成鳞片状，子房卵形，5 室，花柱短，柱头 5 裂。果近球形，成熟时紫黑色。花期 5~6 月，果期 7 月。

宁夏银川地区一些林场有栽培。分布于安徽、河北、黑龙江、河南、吉林、辽宁、内蒙古、山东、山西等。

4. 吴茱萸属 *Tetradium* Sweet

臭檀吴萸 *Tetradium daniellii* (Bennett) T. G. Hartley

落叶乔木。奇数羽状复叶对生，小叶 5~7，卵状长椭圆形、椭圆形或卵状披针形，先端渐尖，基部圆形至宽楔形，边缘具细圆钝锯齿。聚伞状圆锥花序顶生，被锈色长柔毛；萼片5，宽卵形；花瓣5，长椭圆形；雄花雄蕊5，与花瓣互生，退化子房圆柱形，顶端5~6裂。蓇葖果。花期6~7月，果期8~9月。

产宁夏六盘山，生于海拔2100m的向阳山坡杂木林中。分布于安徽、甘肃、贵州、河北、河南、湖北、江苏、辽宁、青海、陕西、山东和山西。

5. 花椒属 *Zanthoxylum* L.

花椒 *Zanthoxylum bungeanum* Maxim.

灌木或小乔木。通常具皮刺，皮刺基部宽扁。奇数羽状复叶，互生。小叶通常5~7个，卵状长圆形或卵状椭圆形，先端急尖或稍钝，基部圆形或微心形，偏斜，边缘具细钝锯齿。聚伞状圆锥花序顶生，花被4~8，排列成1轮，花被片宽披针形，边缘稍膜质；雄蕊4~8个；心皮通常3~4，稀4~6，子房无柄，子房背脊上部有突起的油腺点，花柱略侧生，柱头头状。果为蓇葖果，球形。种子卵圆形。花期4~5月，果期6~9月。

产宁夏六盘山及中卫市香山，生于海拔2500m左右的山坡灌丛中，宁夏部分市县有栽培。除东北和新疆以外全国各地都有分布。

九十　苦木科　Simarubaceae

臭椿属　*Ailanthus* Desf.

臭椿 *Ailanthus altissima*（Mill.）Swingle

落叶乔木。树皮灰色，光滑或具直裂纹。奇数羽状复叶，具小叶 13~25 枚，小叶近对生或对生，卵状披针形，先端长渐尖，基部截形或圆形，常不对称，边缘浅波状，近基部有 1~2 对粗齿，齿端下具 1 腺体。圆锥花序，花杂性，较小；萼片卵状三角形；花瓣长椭圆形或倒卵状披针形，淡绿色；雄蕊 10；心皮 5，花柱合生，柱头 5 裂。翅果长圆状椭圆形，淡黄褐色。种子扁平。花期 6 月，果期 9~10 月。

宁夏全区各地普遍栽培。几遍全国各地。

九十一　楝科　Meliaceae

香椿属　*Toona* (Endl.) M. Roem.

香椿 *Toona sinensis* (A. Juss.) Roem.

乔木。树皮粗糙，深褐色，片状脱落。叶具长柄，偶数羽状复叶；小叶 16~20，对生或互生，纸质，卵状披针形或卵状长椭圆形，先端尾尖，基部一侧圆形，另一侧楔形，不对称，边全缘或有疏离的小锯齿，两面均无毛，无斑点。圆锥花序与叶等长或更长，被稀疏的锈色短柔毛或有时近无毛，小聚伞花序生于短的小枝上，多花；花萼 5 齿裂或浅波状，外面被柔毛，且有睫毛；花瓣 5，白色，长圆形，先端钝，无毛；雄蕊 10，其中 5 枚能育，5 枚退化；花盘无毛，近念珠状；子房圆锥形，柱头盘状。蒴果狭椭圆形，深褐色。花期 6~8 月，果期 10~12 月。

宁夏引黄灌区有栽培，分布于华北、华东、中部、南部和西南部各省区。

九十二　锦葵科　Malvaceae

1. 椴属　*Tilia* L.

（1）华椴 *Tilia chinensis* Maxim.

乔木。叶宽卵形或近圆形，先端尾尖或突尖，基部心形，少截形，偏斜，边缘具细密尖锐锯齿。聚伞花序叶腋生，苞片狭长椭圆形或倒披针状椭圆形，先端钝圆，黄绿色，网脉明显；花序具 1~3 朵花；萼片卵形；花瓣卵形，与萼片等长；雄蕊多数，5 束。核果椭圆形或长圆形，密被星状毛。花期 6~7 月，果期 8~9 月。

产宁夏六盘山，生于海拔 2000~2600m 的山坡杂木林中。分布于甘肃、河南、湖北、陕西、四川、西藏、云南等。

（2）**蒙椴** *Tilia mongolica* **Maxim.**

乔木。叶近圆形或宽卵形，先端常 3 浅裂，先端渐尖或尾状渐尖，基部浅心形或斜截形，边缘具不规则粗锯齿，齿尖具芒尖。聚伞花序具花 6~12 朵；苞片狭长圆形；萼片披针形；花瓣披针形，黄色，与萼片等长；退化雄蕊花瓣状，条形；雄蕊多数，成 5 束；子房被毛，柱头 5 深裂。果实具明显的 5 棱，密被柔毛。花期 7~8 月，果期 8~9 月。

产宁夏六盘山，生于海拔 1700m 左右的山地杂木林中。分布于河北、河南、辽宁、内蒙古、山西等。

（3）**少脉椴** *Tilia paucicostata* **Maxim.**

乔木。叶宽卵形或三角状宽卵形，先端尾尖，基部宽楔形、截形或微心形，边缘具带刺尖的粗锯齿。聚伞花序叶腋生，具花 7~15 朵；总苞片狭长椭圆形，先端圆，两面无毛；萼片椭圆形或卵状披针形；花瓣倒卵状披针形，先端圆，边缘成细锯齿状；雄蕊多数，5 束。核果倒卵圆形或近球形，密被白色绒毛，有疣状突起。花期 6~7 月，果期 7~8 月。

产宁夏六盘山，生山地杂木林中。分布于陕西、甘肃、河南、湖北、四川、云南等。

2. 木槿属 *Hibiscus* L.

（1）木槿 *Hibiscus syriacus* L.

灌木。叶菱状卵形，先端钝尖，基部楔形，下部边缘全缘，上部常3浅裂或具不整齐的粗齿。花单生叶腋；副萼片6~7，线形；花萼钟形，萼裂片5；花瓣楔状倒卵形；花柱分枝。蒴果卵圆形。花期6~10月。

宁夏各地有栽培，多作庭院美化树种。

（2）野西瓜苗 *Hibiscus trionum* L.

一年生草本。茎直立、斜升或平卧。叶近圆形或宽卵形，掌状3~5深裂，裂片菱状椭圆形或卵状长椭圆形，具不规则的羽状浅裂至深裂。花单生上部叶腋；副萼片12，线形；花萼宽钟形，具紫色纵条纹，5齿裂，裂片宽三角形；花瓣倒卵形，淡黄色，基部紫红色；雄蕊管紫色，花柱5裂。蒴果近球形。花期7~8月，果期9~10月。

宁夏普遍分布，多生于农田、荒地、路边或山坡。原产非洲中部，全国各地普遍分布。

3. 锦葵属 *Malva* L.

（1）锦葵 *Malva cathayensis* M. G. Gilbert, Y. Tang & Dorr

一年生草本。茎直立。叶肾形，5~7 浅裂，裂片圆，基部截形、圆形或近心形，边缘具不规则的圆钝重锯齿。花 3 至多朵簇生叶腋；副萼片 3，长圆形；萼裂片三角状宽卵形，被星状短毛，边缘具缘毛；花瓣蓝紫色，具暗紫色脉纹，倒卵状三角形，先端凹，基部渐狭成爪，爪的两边具髯毛。分果瓣 9~11，肾形，具网纹。花期 6~7 月，果期 8~9 月。

宁夏多栽培，作庭院观赏植物。是我国南北各城市常见的栽培植物。

（2）圆叶锦葵 *Malva pusilla* Smith

多年生草本。单叶互生，叶片圆肾形，不裂或有 5~7 微裂，裂片圆钝，基部心形，边缘具圆钝齿。花常 3~4 朵簇生叶腋或茎基单生；副萼片 3，狭披针形；萼杯状，裂片三角形；花瓣长倒卵形，白色，浅蓝色或淡粉红色，顶端微凹，长为萼片的 2 倍；雄蕊管被毛；花柱分裂。果实扁圆形，分果瓣被毛。花果期 5~8 月。

产宁夏贺兰山，生于山坡草地，沟旁或村庄附近。分布于华北、西北及河南、四川、云南等。

（3）**野葵** *Malva verticillata* L.

一年生草本。茎直立。叶肾形或近圆形，掌状 5~7 浅裂，裂片圆形或三角形，先端圆钝，基部心形，边缘具浅圆钝细齿。花数朵，簇生叶腋；副萼片 3，线状披针形；萼裂片宽三角形；花瓣淡红色，倒卵形，长约为花萼的 2 倍，先端微凹，爪无毛或微被细毛；被毛；花柱分枝 10~11。分果。花果期 6~9 月。

宁夏全区普遍分布，为常见田间杂草，多生于田间、荒地、路边、沟渠旁。全国各地均有分布。

4. 蜀葵属 *Althaea* L.

蜀葵 *Althaea rosea* L.

二年生草本。茎直立。叶近圆形或三角状卵形，通常 3~7 浅裂或微波状，裂片三角形。

花大，单生叶腋或成顶生总状花序；副萼 6~7，基部合生，裂片卵状披针形，萼钟形，5 裂，裂片卵状三角形；花瓣单瓣或重瓣，倒卵状楔形，先端波状或微具缺刻，花瓣黄色、紫红色、粉红色或白色等；雄蕊管无毛；花柱分枝多数，被短细毛。分果盘状，分果瓣近圆形，背部具纵沟槽。花果期 5~9 月。

宁夏普遍栽培，作庭院观赏花卉。原产我国西南地区，全国各地均有栽培。

5. 苘麻属 *Abutilon* Mill.

苘麻 *Abutilon theophrasti* Mediku.

一年生草本。茎粗壮，直立。叶圆心形，先端尾状突尖，基部心形，边缘具浅钝锯齿。花单生叶腋，或在顶端组成近总状花序；花萼杯状，5 裂，萼裂片卵状披针形；花瓣倒卵形，黄色；心皮 15~20，顶端平截，轮状排列。蒴果半球形，分果瓣被星状毛和长硬毛，顶端具 2 长芒。花期 7~8 月，果期 9~10 月。

宁夏各地均产，多野生于田间、荒地、村庄附近、路边及沟渠旁。除青藏高原不产外，其他各地均产。

九十三 瑞香科 Thymelaeaceae

1. 荛花属 *Wikstroemia* Endl.

（1）河朔荛花 *Wikstroemia chamaedaphne* Meisn.

灌木。叶对生，无毛，近革质，披针形，先端尖，基部楔形，上面绿色，干后稍皱缩，侧脉每边 7~8 条，不明显。花黄色，花序穗状或由穗状花序组成的圆锥花序，顶生或腋生；花萼裂片 4，2 大 2 小，卵形至长圆形，端圆，约等于花萼长的 1/3；雄蕊 8，2 列，着生于花萼筒的中部以上；子房棒状，花柱短，柱头圆珠形；花盘鳞片 1 枚，线状披针形。果卵形。花期 6~8 月，果期 9 月。

产宁夏盐池县，生于山坡草地。分布于河北、河南、山西、陕西、甘肃、四川、湖北、江苏等。

（2）鄂北荛花 *Wikstroemia pampaninii* Rehd.

灌木。叶椭圆形，长椭圆形至倒卵状椭圆形，先端具小尖头，基部渐狭，边缘内卷。花黄色，排成短总状或短圆锥状花序，顶生或腋生；花萼筒状，裂片 4；无花瓣；雄蕊 8，着生于萼筒内的上部；花盘鳞片 2，分裂为 4；子房被毛，柱头头状。花期 7~8 月，果期 9 月。

产宁夏六盘山，生于山坡、草地、灌丛或沟旁。分布于湖北、河南、甘肃、陕西、山西等。

2. 狼毒属　*Stellera* L.

狼毒 *Stellera camaejasme* L.

多年生草本。根粗大，圆锥形。茎丛生。叶互生，较密，椭圆状披针形至卵状披针形，先端急尖，基部楔形或近圆形，全缘，边缘稍反卷。头状花序顶生，具多数花；花萼筒，紫红色，具明显纵脉纹，裂片5，卵圆形，先端圆，粉红色，具紫红色脉纹；无花瓣；雄蕊10，2轮，着生于萼筒喉部和中部稍上；子房椭圆形，花柱短，柱头头状。小坚果卵形。花期6~7月，果期7~8月。

产宁夏罗山和固原市。多生于向阳黄土丘陵或路旁。分布于黑龙江、吉林、辽宁、内蒙古、山东、甘肃等省（自治区）。

3. 草瑞香属　*Diarthron* Turcz.

草瑞香 *Diarthron linifolium* Turcz.

一年生草木。茎直立，多分枝。叶互生，稍密，线状披针形或披针形，先端稍钝或尖，基部楔形，全缘，边缘稍反卷，主脉在背面明显隆起。总状花序顶生，花梗极短，与总花梗均无毛或具稀疏的长柔毛；花萼瓶状，裂片4，卵状椭圆形，紫红色；无花瓣；雄蕊4，1轮，着生于花萼筒中上部；子房卵状椭圆形，柱头头状。小坚果梨形。花期6月，果期7月。

产宁夏贺兰山和罗山，生于山坡草地或灌丛中。分布于甘肃、河北、江苏、吉林、陕西、山西和新疆。

4.瑞香属　*Daphne* L.

（1）黄瑞香（祖师麻）*Daphne giraldii* Nitsche

落叶灌木。叶互生，倒披针形或线状倒披针形，先端急尖，具小尖头，基部渐狭，全缘，边缘常反卷，主脉在下面明显隆起。头状花序生小枝顶端，具 3~5 朵花，总花梗和花梗极短，无毛；花萼筒形，裂片 4，卵形或狭卵形，黄色；无花瓣；雄蕊 8，2 轮，着生于萼筒喉部及近中部；雌蕊倒卵圆形，花柱短，柱头头状。核果卵形，红色。花期 7 月，果期 8 月。

产宁夏六盘山及南华山，生于海拔 2000~2800m 向阳山坡或灌丛中。分布于甘肃、黑龙江、辽宁、青海、山西、四川和新疆。

（2）陕甘瑞香 *Daphne tangutica* Maxim.

常绿灌木。叶互生，革质，长椭圆形或长椭圆状倒披针形，先端钝，微凹，基部渐狭，全缘，边缘常反卷。头状花序顶生，总花梗和花梗极短，被刚伏毛；花萼筒状，外面淡紫红色，里面白色，无毛，裂片 4，长圆状卵形，先端尖，白色或淡红色；无花瓣；雄蕊 8，2 轮，着生于萼筒的上部及中部。核果倒卵圆形，红色。花期 5~7 月，果期 8 月。

产宁夏六盘山，生于海拔 2500m 的高山灌丛中或杂木林下。分布于重庆、甘肃、贵州、湖北、青海、陕西、山西、四川、西藏和云南等。

九十四　半日花科　Cistaceae

半日花属　*Helianthemum* Mill.

半日花 *Helianthemum songaricum* Schrenk

矮小灌木。小枝对生或近对生，先端成刺状；单叶对生，革质，具短柄或几无柄，披针形或狭卵形，全缘，边缘常反卷，中脉稍下陷；托叶钻形，线状披针形，先端锐，较叶柄长。花单生枝顶；萼片 5，不等大，外面的 2 片线形，内面的 3 片卵形，背部有 3 条纵肋；花瓣黄色，淡橘黄色，倒卵形，楔形；雄蕊长约为花瓣的 1/2，花药黄色；子房密生柔毛。蒴果卵形。花果期 8~9 月。

产宁夏青铜峡，生于砾石质或沙质的草原化荒漠。分布于新疆、甘肃和内蒙古。

九十五　旱金莲科　Tropaeolaceae

旱金莲属　*Tropaeolum* L.

旱金莲 *Tropaeolum majus* L.

一年生草本。蔓生或攀缘。叶互生，圆盾形，边缘具波状钝角，具 9 条主脉，由叶柄着生处向边缘辐射伸出；花单生叶腋，具长梗；萼片 5，长椭圆状披针形，基部合生，上面 1 片向下延伸成 1 长距；花瓣 5，不等大，上面 2 片较大，全缘，下面 3 片较小，基部渐狭成爪，下部边缘细丝裂，橘黄色或橘红色；雄蕊 8。分果。花期 7~9 月。

宁夏常见栽培，供观赏。原产拉丁美洲，我国普遍引种作为庭院或温室观赏植物。

九十六　白花菜科　Cleomaceae

醉蝶花属　*Tarenaya* Raf.

醉蝶花 *Tarenaya hassleriana* (Chodat) Iltis

一年生草本，全株被黏质腺毛，有特殊臭味。叶为具 5~7 小叶的掌状复叶，小叶草质，椭圆状披针形或倒披针形，中央小叶大，最外侧的最小。总状花序，花蕾圆筒形，花瓣粉红色，在芽中时覆瓦状排列。果圆柱形，两端稍钝，表面近平坦或微呈念珠状。花期初夏，果期夏末秋初。

宁夏银川市、石嘴山等公园有栽培。原产热带美洲，我国各大城市常见栽培。

九十七　十字花科　Cruciferae

1. 花旗杆属　*Dontostemon* Andrz. ex Ledeb.

（1）小花花旗杆　*Dontostemon micranthus* C. A. Mey.

一年生或二年生草本。茎直立。叶线形，两面疏被毛。总状花序顶生，萼片线形，具白色膜质边缘；花瓣淡紫色或白色，近匙形；长雄蕊稍短于花瓣，短雄蕊基部具蜜腺。长角果圆柱形，无毛，喙极短，先端头状。花果期 6~8 月。

产宁夏贺兰山，生于海拔 1400~1800m 山坡草地、沟谷溪旁。分布于黑龙江、吉林、辽宁、内蒙古、河北、山西和青海。

（2）羽裂花旗杆　*Dontostemon pinnatifidus* (Willdenow) Al-Shehbaz & H. Ohba

二年生直立草本。茎单一或上部分枝，植株具腺毛及单毛。叶互生，长椭圆形，近无柄，边缘具 2~4 对篦齿状缺刻，两面均被黄色腺毛及白色长单毛。总状花序顶生；萼片宽椭圆形；花瓣白色或淡紫红色，倒卵状楔形，顶端凹缺，基部具短爪。长角果圆柱形，具腺毛。种子椭圆形，褐色而小。花果期 5~9 月。

产宁夏贺兰山和南华山，生于山坡草丛、林下和沟谷灌丛。分布于黑龙江、内蒙古、河北、甘肃、四川、云南等。

2. 离子芥属　*Chorispora* R. Br. et DC.

离子芥 *Chorispora tenella* (Pall.) DC.

一年生草本。基生叶狭长椭圆形，羽状浅裂；茎生叶椭圆状披针形，边缘具波状齿。总状花序顶生；萼片直立，狭长椭圆形；花瓣倒卵状披针形，上部紫色；雄蕊离生。长角果圆柱形，先端具长喙，疏被腺毛，不裂，具横节。花期5~6月，果期6~7月。

产宁夏泾源、隆德、固原等地，多生于河谷、路旁、田间。分布于辽宁、内蒙古、河北、山西、河南、陕西、甘肃、青海和新疆。

3. 念珠芥属　*Neotorularia* Hedge & J. Léonard

蚓果芥 *Neotorularia humilis* (C. A. Meyer) Hedge & J. Léonard

多年生草本。直根圆柱形，深褐色，茎具纵棱，密被叉状毛，下部常紫色。叶倒披针形，两面被分叉毛，花时枯萎。总状花序顶生，萼片直立，椭圆形，背面被叉状毛；花瓣倒卵形，白色或淡紫色，先端截形，基部渐狭成爪。长角果线形，密被分叉状毛，呈念珠状。花果期5~8月。

产宁夏贺兰山、罗山、南华山以及盐池、固原市原州区、西吉等市（县），多生于向阳山坡。分布于华北和西北。

4. 涩芥属 *Malcolmia* R. Br.

涩芥 *Malcolmia africana* (L.) R. Br.

一年生草本。茎多自基部分枝，具纵条棱，密被分枝毛。叶椭圆形，边缘疏具波状齿，两面被分枝毛；叶柄最上部叶几无柄。总状花序顶生，被分枝毛；萼片直立，狭长椭圆形，背面被分枝毛；花瓣倒卵状长椭圆形，先端圆，基部具爪，粉红色或淡紫色；雄蕊离生；子房圆柱形，花柱短，柱头头状，2裂，疏被短的分枝毛。长角果线形，4棱形，果喙短圆锥形；果梗极短，粗壮。花期5~7月，果期7~8月。

产宁夏固原市原州区、海原、西吉等市（县），生于山坡、荒地及农田中。分布于河北、山西、河南、安徽、江苏、陕西、甘肃、青海、新疆和四川。

5. 爪花芥属 *Oreoloma* Botschantzev

紫爪花芥 *Oreoloma matthioloides* (Franchet) Botschantzev

多年生草本。茎直立，多分枝。基生叶莲座状，具柄，披针形或椭圆状披针形，不规则羽状分裂；茎生叶向上渐小，先端钝或尖，基部渐狭，边缘不规则羽状浅裂或具疏齿牙。总状花序顶生，花后伸长；萼片直立，长椭圆形，具狭膜质边缘，背部密生星状毛和腺毛；花瓣紫红色，倒卵状披针形，先端圆，基部具长爪；长雄蕊花丝下半部全生，花药线形；子房椭圆形，花柱短，柱头头状。长角果圆柱状。花期5~6月，果期6~7月。

产宁夏贺兰山，生于向阳干旱山坡。分布于内蒙古。

6. 连蕊芥属 *Synstemon* Botsch.

连蕊芥 *Synstemon petrovii* Botsch.

一年生或二年生草本。茎直立，有分枝，被单毛或分叉毛。基生叶羽状深裂；向上叶渐变小，最上部叶线形。总状花序，花多数，无苞片；萼片卵圆形，顶端钝，具白色膜质边缘，无毛；花瓣白色，倒卵形，先端圆，基部渐狭成短爪，爪具纤毛；两长雄蕊花丝下半部连合；子房被毛。长角果线形。花果期4~6月。

产宁夏青铜峡、中宁、中卫等市（县），生于石质山坡或固定沙丘。分布于内蒙古和甘肃。

7. 庭荠属 *Alyssum* L.

灰毛庭荠 *Alyssum canescens* de Candolle

半灌木状小草本。主根圆柱形。茎多自基部分枝，基部木质化，密被灰色星状毛。叶稠密，无柄，线形，两面被灰色星状毛。总状花序顶生，萼片直立，椭圆形，具膜质边缘，背面被星状毛；花瓣倒卵形，白色，先端圆，基部具爪。短角果椭圆状卵形，密被星状毛，花柱宿存，每室含1粒种子。花果期6~9月。

产宁夏贺兰山和牛首山，生于干旱砾石质山坡。分布于甘肃、河北、黑龙江、吉林、内蒙古、青海、陕西、山西、西藏和新疆。

8. 南芥属　*Arabis* L.

（1）贺兰山南芥 *Arabis alaschanica* Maxim.

多年生草本。直根圆柱形，棕褐色。叶基生，莲座状，狭倒卵形，叶缘密被刺毛状缘毛。花葶自基部抽出，总状花序顶生，开花时呈伞房状；萼片卵状椭圆形，花瓣倒卵状长椭圆形，白色或淡紫红色；雄蕊离生，子房线形，花柱长，柱头头状，无毛。长角果线形，果瓣中脉明显。花期 5~6 月，果期 6~7 月。

产宁夏贺兰山，多生于 1900~3000m 林缘草甸或石缝。分布于内蒙古、甘肃、四川等。

（2）硬毛南芥 *Arabis hirsuta* (L.) Scop.

一年生草本。茎直立单一，圆柱形，基部常紫红色，密被分枝毛及单硬毛。叶长椭圆形，抱茎。总状花序顶生和腋生；萼片直立，卵状披针形，外面的 2 片基部成囊状；花瓣倒卵状披针形，先端圆，白色；子房圆柱形，柱头头状，2 裂，无毛。长角果线形，直立，无毛，果瓣具 1 中脉。花期 5~6 月，果期 6~7 月。

产宁夏六盘山、贺兰山、南华山及罗山，生于草甸、山坡、荒地或林缘。分布于黑龙江、吉林、辽宁、内蒙古、河北、山西、山东、河南、安徽、湖北、陕西、甘肃、青海、新疆、四川、云南和西藏。

（3）垂果南芥 *Arabis pendula* L.

二年生草本。茎圆柱形，密被单硬毛。叶长椭圆形，基部心形，抱茎，两面密被分叉毛和单毛；下部叶具短柄，被分枝毛和单毛。总状花序顶生和腋生；萼片直立，椭圆形，边缘膜质，背面密被星状毛；花瓣匙形，子房圆柱形，花柱短，柱头头状。长角果线形，无毛。花期6~7月，果期7~8月。

产宁夏贺兰山和六盘山，生于林缘、草地。分布于黑龙江、吉林、辽宁、内蒙古、河北、山西、湖北、陕西、甘肃、青海、新疆、四川、贵州、云南和西藏。

9. 葶苈属 *Draba* L.

（1）苞序葶苈 *Draba ladyginii* Pohle

多年生草本。丛生。茎纤细，被叉状毛和星状毛。基生叶莲座状，披针形，两面被叉状毛和星状毛；茎生叶互生，长卵形，基部圆形，两边各具2~4个小齿牙，具5条基出脉，两面被叉状毛和星状毛，无柄。总状花序，组成圆锥花序状；萼片椭圆形，先端圆，边缘白色膜质，背面疏被长毛；花瓣近圆形，先端微凹，基部具长爪，白色短角果宽线形，无毛，螺旋状扭转。花期5月，果期6月。

产宁夏贺兰山，多生于林下或山崖阴湿的石隙中。分布于内蒙古、河北、山西、湖北、陕西、甘肃、青海、新疆、四川、云南和西藏。

（2）葶苈 *Draba nemorosa* L.

一年生或二年生草本。茎直立，淡绿色，上部无毛，下部被单毛、叉状毛和星状毛。基生叶莲座状，倒卵状长圆形；茎生叶互生，无柄，卵形，两面被毛。总状花序顶生，萼片椭圆形，边缘白色；花瓣倒卵形，黄色，先端微凹。果序极伸长，水平伸展；短角果椭圆形，密被平贴短柔毛。花期 5~6 月，果期 6~7 月。

产宁夏六盘山、罗山、贺兰山及固原市，生于林缘、路旁、田边、荒地。分布于东北、华北、华东、西北、西南的四川及西藏。

（3）喜山葶苈 *Draba oreades* Schrenk.

多年生草本。上部叶丛生成莲座状，叶长圆形，下面和叶缘有毛。花茎密生毛。总状花序，萼片长卵形，背面有单毛；花瓣黄色，倒卵形。短角果短宽卵形，基部圆钝，无毛，果瓣不平。种子卵圆形，褐色。花期 6~8 月。

产宁夏贺兰山，生于林下或阴湿的石隙中。分布于内蒙古、陕西、甘肃、青海、新疆、四川、云南和西藏。

10. 播娘蒿属 *Descurainia* Webb & Berthel.

播娘蒿 *Descurainia sophia* (L.) Webb ex Prantl

一年生或二年生草本。茎直立，具纵条棱。叶 2~3 回羽裂，最终裂片线形。总状花序顶生，萼片直立，长椭圆形；花瓣淡黄色，匙形，与萼片等长，子房圆柱形，柱头头状。长角果细圆柱形。花期 5~6 月，果期 6~7 月。

宁夏普遍分布，生于山坡、荒地、路旁和麦田中。除广东、广西、海南、台湾以外，其余各地均有分布。

11. 阴山荠属 *Yinshania* Y. C. Ma et Y. Z. Zhao

锐棱阴山荠 *Yinshania acutangula* (O. E. Schulz) Y. H. Zhang

一年生草本。茎直立，具纵棱。叶片卵形、长圆形或宽卵形，羽状深裂或全裂，侧裂片 1~4 对，裂片倒卵状披针形，椭圆形或长圆形，全缘，具粗牙齿或具缺刻状浅裂。花序伞房状；萼片长圆状椭圆形，顶端圆形，具微齿；花瓣白色，倒卵形，顶端圆形，基部楔形成短爪。短角果披针状椭圆形，被单毛或近无毛。种子卵形，棕褐色。花期 7~9 月。

产宁夏贺兰山，生于海拔 1400~1600m 的山地沟谷溪流旁及灌丛。分布于甘肃、河北、内蒙古、青海、陕西和四川。

12. 独行菜属 *Lepidium* L.

（1）独行菜 *Lepidium apetalum* Willd.

一年生或二年生草本。茎多分枝。基生叶平铺地面，羽状浅裂，茎生叶狭披针形。总状花序，萼片卵圆形，边缘白色膜质；花瓣白色，长圆形；雄蕊 2 个，位于子房两侧，与萼片等长。短角果扁平，近圆形，具狭翅，2 室，每室含 1 粒种子。花期 4~5 月，果期 5~6 月。

宁夏全区普遍分布，多生于山坡、路旁、荒地、田边及村庄附近。分布于东北、华北、西北、西南及河南、山东、江苏等。

（2）阿拉善独行菜 *Lepidium alashanicum* S. L. Yang

一年或二年生草本。茎直立或外倾，多分枝。基生叶线形或宽线形，全缘。总状花序顶生；花小，萼片绿色，椭圆形，边缘白色膜质，外面疏生柔毛；无花瓣；雄蕊 6。短角果卵形，扁平。种子长圆形，棕色。花果期 6~8 月。

分布于宁夏中宁县，生在低山干旱丘陵山坡。分布于内蒙古和甘肃。

（3）宽叶独行菜 *Lepidium latifolium* L.

多年生草本。茎淡绿色，具纵条纹。基生叶具柄，椭圆形；茎生叶无柄，椭圆状披针形。总状花序组成圆锥花序状，萼片卵形，边缘白色膜质，无毛；花瓣倒卵形，白色或基部紫红色；雄蕊 6 个；短角果椭圆形，扁平。花期 5~7 月，果期 8~9 月。

全区普遍分布，多生于田边、路旁、村庄附近及含盐潮湿地。分布于甘肃、湖北、黑龙江、河南、辽宁、内蒙古、青海、陕西、山东、山西、新疆和西藏。

13. 群心菜属　*Cardaria* Desv.

毛果群心菜 *Cardaria pubescens* (C. A. Mey.) Jarm.

多年生草本。茎直立，多分枝。基生叶有柄，倒卵状匙形，边缘有波状齿；茎生叶倒卵形，抱茎，两面有柔毛。总状花序伞房状，成圆锥花序，多分枝；萼片长圆形；花瓣白色，倒卵状匙形，顶端微缺，有爪；盛开花的花柱比子房长。短角果球形或近圆形，有柔毛。花期 5~6 月，果期 7~8 月。

产宁夏石嘴山，生于水边、田边、村庄、路旁。分布于内蒙古、陕西、甘肃和新疆。

14. 碎米荠属　*Cardamine* L.

（1）弹裂碎米荠 *Cardamine impatiens* L.

一年生或二年生草本。茎直立，具纵棱。羽状复叶，基生叶小叶片卵形，边缘具不规则的钝齿；茎生叶小叶片卵形。总状花序；萼片长椭圆形，花瓣白色，狭椭圆形；雌蕊柱状，无毛，花柱短。长角果线形。花果期5~7月。

产宁夏六盘山，生于海拔2000m左右的林下、山谷灌丛或山坡草地。分布于吉林、辽宁、山西、山东、河南、安徽、江苏、浙江、湖北、江西、广西、陕西、甘肃、新疆、四川、贵州、云南、西藏等。

（2）白花碎米荠 *Cardamine leucantha* (Tausch) O. E. Schulz

多年生草本。茎直立，具纵条棱。叶为奇数羽状复叶，小叶片5，长椭圆形，先端尾状渐尖，基部近圆形，边缘具不规则的齿牙状尖锯齿。总状花序，常有分枝；萼片倒卵形，边缘白色，背面上部疏被毛；花瓣倒卵状披针形，白色，先端圆，基部渐狭成长爪；雄蕊离生；子房线形，柱头头状。长角果线形，种子长圆形，栗褐色。花期6月，果期7月。

产宁夏六盘山，生于海拔2000m左右的山谷林下及河边湿地。分布于东北以及河北、山西、河南、安徽、江苏、浙江、湖北、江西、陕西、甘肃等。

（3）大叶碎米荠 *Cardamine macrophylla* Willd.

多年生草本。茎直立，具纵条棱。基生叶具长柄，奇数羽状复叶，具小叶 3~4 对，顶端小叶片 3 全裂，小叶长椭圆形，上面疏被短硬毛；叶柄疏被柔毛。总状花序，开花时呈伞房状，果时伸长；萼片稍开展，长椭圆形；花瓣倒卵状披针形，淡紫色；雄蕊离生；子房圆柱形，花柱扁平，柱头稍 2 裂。长角果四棱形，开裂。花期 6~7 月，果期 8 月。

产宁夏六盘山，多生于河边及林缘潮湿处。分布于内蒙古、河北、山西、湖北、陕西、甘肃、青海、四川、贵州、云南、西藏等。

（4）唐古碎米荠 *Cardamine tangutorum* O. E. Schulz

多年生草本。茎基部斜，上部直立，具纵棱。基生叶小叶片长椭圆形，先端短尖，基部楔形，边缘具钝齿；茎生叶小叶片矩圆状披针形。总状花序顶生；外轮萼片长圆形，内轮萼片长椭圆形，基部囊状；花瓣紫红色，倒卵状楔形，顶端截形，基部渐狭成短爪；花丝扁而扩大；雌蕊柱状。长角果线形，扁平。种子长椭圆形，褐色。花果期 5~8 月。

产宁夏六盘山、南华山，生于海拔 2000m 左右的林缘湿地、山谷溪边和草地。分布于河北、山西、陕西、甘肃、青海、四川、云南及西藏。

15. 蔊菜属　*Rorippa* Scop.

沼生蔊菜 *Rorippa palustris* (L.) Besser

二年生草本。茎直立。叶提琴状羽状深裂。总状花序顶生，萼片直立，长圆形，花瓣黄色，倒卵形，与萼片等长。短角果圆柱状长椭圆形，两端钝圆。种子2列，近卵形，稍扁，淡褐色。花期6~8月，果期7~9月。

宁夏全区普遍分布，多生于田边、路旁及潮湿地方。分布于黑龙江、吉林、辽宁、内蒙古、河北、山西、山东、河南、安徽、江苏、湖南、陕西、甘肃、青海、新疆、贵州和云南。

16. 糖芥属　*Erysimum* L.

波齿糖芥 *Erysimum macilentum* Bunge

一年生草本。茎直立，不分枝或分枝，具棱，有2叉丁字毛或近无毛。叶片线状披针形，顶端急尖，基部渐狭，边缘具波状牙齿，上面有3叉毛，少数为4叉毛，下面有2叉丁字毛；茎生叶具短柄或无柄。总状花序顶生；萼片长圆形，外面有3叉及4叉毛；花瓣黄色，窄长圆形。长角果四棱圆柱形，直立；种子椭圆形，棕色。花、果期7月。

产宁夏六盘山、贺兰山、罗山及中卫市，生于林缘、灌丛和河谷。分布于安徽、甘肃、河北、河南、湖北、湖南、吉林、辽宁、内蒙古、山西、陕西、山东、四川和云南。

17. 亚麻荠属 *Camelina* Crantz

小果亚麻荠 *Camelina microcarpa* Andrz.

一年生草本。茎直立，下部密被长硬毛。基生叶与下部茎生叶长圆状卵形，基部渐窄成宽柄；中、上部茎生叶披针形，基部具披针状叶耳。花序伞房状；萼片长圆卵形，白色膜质边缘不达基部，内轮的基部略成囊状；花瓣条状长圆形，爪部不明显。短角果倒卵形。种子长圆状卵形，棕褐色。花期 4~5 月。

产宁夏泾源县，生于路旁、灌丛和河谷。分布于甘肃、吉林、辽宁、黑龙江、内蒙古、山东、河南、山东和新疆。

18. 荠属 *Capsella* Medik.

荠（荠菜）*Capsella bursa-pastoris* (L.) Medik.

一年生或二年生草本。茎直立。基生叶莲座状，大头羽状深裂；叶柄具窄翅；茎生叶披针形，基部箭形，抱茎，两面被单毛、叉状毛和星状毛。总状花序顶生，花后伸长；萼片狭卵形，边缘白色膜质，无毛；花瓣白色，倒卵形，先端圆，基部具短爪。短角果倒三角形，扁平。

宁夏广泛分布，生于山坡、荒地、田边、路旁。全国各地均有分布。

19. 双果荠属　*Megadenia* Maxim.

双果荠 *Megadenia pygmaea* Maxim.

一年生草本。叶心状圆形，顶端圆钝，基部心形，全缘，有 3~7 棱角，具羽状脉。花梗细，花期直立，果期外折；萼片宽卵形，边缘白色；花瓣白色，匙状倒卵形，基部具爪。短角果横卵形，中间 2 深裂，宿存花柱生凹裂中，室壁坚硬，具网脉。种子球形，坚硬，褐色。花期 6 月，果期 7 月。

产宁夏六盘山，生于路旁、溪谷和灌丛。分布于甘肃、青海、西藏和四川。

20. 沙芥属　*Pugionium* Gaertn.

（1）沙芥 *Pugionium cornutum* (L.) Gaertn.

一年生或二年生草本。茎直立，多分枝。基生叶具长柄，叶片羽状全裂，茎生叶羽状全裂，裂片线状披针形，全缘，茎上部叶片线状披针形。总状花序；花梗外 2 萼片椭圆形，基部向外鼓起成囊状，内 2 萼片倒卵状椭圆形；花瓣披针形，白色或淡紫色；短雄蕊 2，离生；子房极短，近圆形，花柱短。短角果两侧具长翅，翅披针形，果核扁椭圆形，表面具刺状，长短不等。花期 6~9 月，果期 7~10 月。

产宁夏中卫市沙坡头和盐池县，生于半固定沙丘上或流动沙丘丘间低地上。分布于内蒙古和陕西。

（2）斧翅沙芥 Pugionium dolabratum Maxim.

一年生草本。茎直立。叶肉质，叶片为不规则的 2 回羽裂，最终裂片线形；叶柄基部稍扩展成鞘状，中部叶 1 回羽状全裂，上部叶线状披针形，全缘。总状花序顶生；外侧 2 萼片椭圆形，基部成囊状，内侧 2 萼片倒披针形；花瓣线状披针形，浅紫色；短雄蕊 2，基部具 2 椭圆形侧生蜜腺，长雄蕊 4。短角果两侧的翅为矩圆形。果核扁椭圆形。花期 6~7 月，果期 7~8 月。

产宁夏中卫市沙坡头、盐池、灵武等市（县），生于半固定或流动沙丘上。分布于甘肃、内蒙古、陕西等。

21. 山萮菜属 *Eutrema* R. Br.

山萮菜 *Eutrema yunnanense* Franchet

多年生草本。基生叶具柄，叶片近圆形，基部深心形，边缘具波状齿或牙齿；茎生叶具柄，长卵形或卵状三角形，顶端渐尖，基部浅心形，边缘有波状齿或锯齿。花序密集呈伞房状；萼片卵形；花瓣白色，长圆形，顶端钝圆，有短爪。角果长圆筒状。种子长圆形，褐色。花期 3~4 月。

产宁夏六盘山，生于林缘溪流边。分布于安徽、江苏、浙江、湖北、湖南、陕西、甘肃、四川和云南。

22. 菥蓂属 *Thlaspi* L.

菥蓂 *Thlaspi arvense* L.

一年生草本。全株无毛；茎淡绿色，具纵条棱。基生叶椭圆形，早枯萎；茎生叶倒披针形，基部箭形，抱茎。总状花序，萼片斜升，卵形，边缘白色膜质；花瓣白色，矩圆形，先端圆形或微凹，基部具爪。短角果圆形，周围有翅，先端凹缺，扁平。花期 5~6 月，果期 6~7 月。

产宁夏贺兰山、罗山及固原市，生于路旁、草地、田间及村庄附近。分布几遍全国。

23. 诸葛菜属 *Orychophragmus* Bunge

诸葛菜 *Orychophragmus violaceus* (L.) O. E. Schulz

二年生草本。茎直立，上部多分枝。基生叶簇生，叶片长椭圆形，边缘近全缘，近于无柄；茎生叶多数，叶片椭圆形或披针形，顶端渐尖，边缘具疏齿状，基部半抱茎。总状花序顶生或腋生；萼片长椭圆形；花瓣蓝紫色，倒卵形，基部具短爪；柱头头状。长角果线形，种子椭圆形，淡黄色。果期 7 月。

宁夏部分区域有栽培，分布于安徽、甘肃、河北、河南、湖北、湖南、江苏、江西、辽宁、内蒙古、陕西、山东、山西、四川和浙江。

24. 芝麻菜属 *Eruca* Mill.

芝麻菜 *Eruca vesicaria* (L.) Cavanilles subsp. *sativa* (Miller) Thellung

一年生草本。茎直立，具分枝。基生叶具长柄，叶片长椭圆形，大头羽状深裂，顶裂片近卵形，边缘波状，侧裂片椭圆形；茎生叶羽状深裂，向上渐小，近无柄。总状花序顶生；萼片直立，倒披针形；花瓣三角状倒卵形，基部具长爪，黄色，具褐色脉纹；雄蕊离生，花丝粗壮。长角果直立，圆柱形。

宁夏普遍栽培，亦在亚麻田中有混生，荒地、路边亦有逸生。分布于河北、山西、陕西、甘肃、新疆和四川。

25. 芸苔属 *Brassica* L.

（1）欧洲油菜 *Brassica napus* L.

一年或二年生草本。茎直立，有分枝。下部叶大头羽裂，顶裂片卵形，顶端圆形，基部近截平，边缘具钝齿，侧裂片约2对，卵形；叶柄基部有裂片；中部及上部茎生叶由长圆椭圆形渐变成披针形，基部心形，抱茎。总状花序伞房状；萼片卵形；花瓣浅黄色，倒卵形。长角果线形，果瓣具1中脉，喙细。种子球形，黄棕色，近种脐处常带黑色，有网状窠穴。花期3~4月，果期4~5月。

宁夏固原有栽培。全国各地普遍栽培，主要油料作物之一。

（江建强　拍摄）

（2）羽衣甘蓝 *Brassica oleracea* L. var. *acephala* de Candolle

叶皱缩，呈白黄、黄绿、粉红或红紫等色，有长叶柄。宁夏部分城市有栽培，供观赏。我国大城市公园有栽培。

（江建强　拍摄）

（3）擘蓝（球茎甘蓝）*Brassica oleracea* L. var. *gongylodes* L.

二年生草本。茎短，在离地面 2~4cm 处膨大成 1 个实心长圆球体或扁球体，绿色，其上生叶。叶略厚，宽卵形至长圆形，基部在两侧各有 1 裂片，或仅在一侧有 1 裂片，边缘有不规则裂齿；茎生叶长圆形至线状长圆形，边缘具浅波状齿。总状花序顶生。长角果，喙短，基部膨大。花期 4 月，果期 6 月。

宁夏常见栽培。全国大多数省区均有栽培。

（江建强　拍摄）

（4）甘蓝（包菜） *Brassica oleracea* **L. var.** *capitata* **L.**

二年生草本。基生叶多数，质厚，层层包裹成球状体，扁球形，乳白色或淡绿色；二年生茎有分枝，具茎生叶。基生叶及下部茎生叶长圆状倒卵形至圆形，上部茎生叶卵形或长圆状卵形，抱茎。总状花序顶生及腋生；花淡黄色，花瓣宽椭圆状倒卵形或近圆形。长角果圆柱形，两侧稍压扁，中脉突出，喙圆锥形。种子球形，棕色。花期 4 月，果期 5 月。

宁夏常见栽培。全国大多数省区均有栽培。

（朱鑫鑫　拍摄）

（朱鑫鑫　拍摄）

（5）花椰菜 *Brassica oleracea* **L. var.** *botrytis* **L.**

二年生草本。茎直立，粗壮，有分枝。基生叶及下部叶长圆形至椭圆形，开展，不卷心；茎中上部叶较小且无柄，长圆形至披针形，抱茎。茎顶端有 1 个由总花梗、花梗和未发育的花芽密集成的乳白色肉质头状体；总状花序顶生及腋生；花淡黄色，后变成白色。长角果圆柱形。种子宽椭圆形，棕色。花期 4 月，果期 5 月。

宁夏常见栽培。全国大多数省区均有栽培。

（6）蔓菁 *Brassica rapa* L.

二年生草本。块根肉质，球形、扁圆形或长圆形，外皮白色、黄色或红色，根肉质白色或黄色，无辣味。茎直立，有分枝，下部稍有毛，上部无毛。基生叶大头羽裂或为复叶，中部及上部茎生叶长圆披针形，基部宽心形，半抱茎，无柄。总状花序顶生，花瓣鲜黄色，倒披针形，有短爪。长角果线形，果瓣具 1 显明中脉。种子球形，浅黄棕色，近种脐处黑色，有细网状窠穴。花期 3~4 月，果期 5~6 月。

宁夏固原地区有栽培。全国大多数省区均有栽培。

（7）白菜 *Brassica rapa* L. var. *glabra* Regel

二年生草本。基生叶多数，大形，倒卵状长圆形至宽倒卵形，顶端圆钝，边缘皱缩，波状，有时具不显明牙齿；叶柄白色，扁平，边缘有具缺刻的宽薄翅；上部茎生叶长圆状卵形、长圆披针形至长披针形，顶端圆钝至短急尖，全缘或有裂齿。花鲜黄色；萼片长圆形或卵状披针形，直立，淡绿色至黄色；花瓣倒卵形。长角果较粗短。种子球形，棕色。花期 5 月，果期 6 月。

宁夏常见栽培。原产华北，我国各地广泛栽培。

（江建强　拍摄）

（8）青菜 *Brassica rapa* L. var. *chinensis* (L.) Kitamura

一年或二年生草本。基生叶倒卵形或宽倒卵形，坚实，深绿色，有光泽，基部渐狭成宽柄，全缘或有不显明圆齿或波状齿。下部茎生叶和基生叶相似，基部渐狭成叶柄；上部茎生叶倒卵形或椭圆形，基部抱茎，宽展，两侧有垂耳，全缘。总状花序顶生，呈圆锥状；花浅黄色；萼片长圆形，直立开展，白色或黄色；花瓣长圆形，顶端圆钝，有脉纹，具宽爪。长角果线形。种子球形，紫褐色。花期 4 月，果期 5 月。

宁夏常见栽培。原产亚洲，我国南北各地均有栽培。

（江建强　拍摄）

26. 萝卜属　*Raphanus* L.

萝卜 *Raphanus sativus* L.

二年生草本。根肥大肉质。茎直立，多分枝。基生叶和茎下部叶大头羽状分裂，顶裂片卵形，侧裂片 2~6 对；茎上部叶椭圆形，边缘具锯齿。总状花序；萼片直立，长椭圆形；花瓣宽倒卵形，先端圆，微凹，基部具长爪，紫红色或白色，脉纹明显。长角果圆柱形，种子间缢缩呈念珠状，先端具长喙。花期 5~6 月，果期 6~7 月。

宁夏有栽培。全国各地普遍栽培。

27. 大蒜芥属　*Sisymbrium* L.

垂果大蒜芥 *Sisymbrium heteromallum* C. A. Mey.

一年生或二年生草本。茎直立，单一或上部分枝。茎生叶和基生叶均为大头羽状深裂，顶端裂片较宽大，卵状长椭圆形，侧生裂片 2~5 对，椭圆形或披针形，先端锐尖，全缘或具疏齿，两面无毛。茎上部叶披针形或线形，羽状浅裂或全缘。总状花序顶生；萼片直立或稍开展，线形；花瓣黄色，倒卵状披针形，先端圆形，基部具爪；雄蕊离生，与花瓣近等长；子房圆柱形，花柱短，柱头头状，微 2 裂。长角果线形。花期 5~6 月，果期 6~7 月。

产宁夏贺兰山及固原市，生于山坡、路旁、田边等处。分布于河北、江苏、吉林、内蒙古、四川、西藏、山西、河南、陕西、甘肃、青海、新疆、云南等。

28. 菘蓝属　*Isatis* L.

欧洲菘蓝 *Isatis tinctoria* L.

一年生或二年生草本。主根圆柱形，灰黄色。茎直立，无毛，略具 4 棱形，上部分枝。基生叶具柄，倒卵形，蓝绿色；茎生叶无柄，椭圆状披针形，抱茎，全缘。总状花序组成圆锥状；花黄色；萼片椭圆形，开展；花瓣倒卵状披针形，顶端圆形，基部楔形。短角果矩圆形，下垂，扁平，边缘具宽翅，平滑无毛，不开裂，含种子 1 粒。花期 5~6 月，果期 6~7 月。

宁夏部分区域有栽培，供药用。我国各地均有栽培。

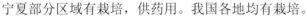

九十八 檀香科 Santalaceae

百蕊草属 *Thesium* L.

急折百蕊草 *Thesium refractum* C. A. Mey.

多年生草本。茎直立，多分枝。单叶，互生，条形，具 1 脉。花小，绿色；单歧聚伞花序，花序轴呈"之"字形弯曲，花下具 3 个不等长的苞片；花被筒形，5 裂，裂片椭圆状披针形，两侧各有 1 个小裂片，内折包被花丝；雄蕊 5；子房下位，花柱单一，柱头头状。坚果椭圆形。花期 7 月，果期 7~8 月。

产宁夏贺兰山、罗山、六盘山、南华山及固原原州区等地，多生于海拔 2500m 左右的阳坡杂草丛中。分布于东北、华北及四川、云南等。

九十九 桑寄生科 Loranthaceae

桑寄生属 *Loranthus* Jacq.

北桑寄生 *Loranthus tanakae* Franch. et Sav.

半寄生落叶小灌木。茎圆柱形，有蜡质层，常二歧分枝，无毛。叶对生，纸质，倒卵形、椭圆形或矩圆状披针形，无毛，具短柄。穗状花序顶生，具 5~8 对疏生的小花；花单性，雌雄同株，黄绿色，基部具 1 很小的苞片；花萼筒状，极短，顶端截形；花瓣 6，离生；雄花具 6 个雄蕊，花药球形，2 室，雌花具 6 枚不育雄蕊；子房 1 室。浆果黄色。

产宁夏彭阳县，常寄生于蒙古栎和榆树上。分布于河北、内蒙古、山西、陕西、甘肃、四川等。

一〇〇 柽柳科 Tamaricaceae

1. 红砂属 *Reaumuria* L.

（1）红砂 *Reaumuria soongarica*（Pall.）Maxim.

矮小灌木。叶常 3~5 枚簇生，肉质，短圆柱状或倒披针状线形，先端钝，浅灰绿色，具腺体。花单生叶腋或在小枝上集成疏松的穗状；花小型，无柄，花萼钟形，中下部连合，上部 5 齿裂，裂片三角状卵形，边缘膜质；花瓣 5，粉红色或白色，矩圆形，先端钝，弯曲成兜形，基部狭楔形，里面中下部具 2 矩圆形鳞片，雄蕊通常 6，离生，与花瓣近等长；子房长椭圆形，花柱 3；蒴果长圆状卵形；种子长矩圆形。花期 7~8 月，果期 8~9 月。

产宁夏贺兰山及中卫、中宁、青铜峡、银川、平罗、石嘴山、盐池、同心、海原等市（县），生于砾质戈壁、荒漠草原及潮湿的盐碱地。分布于新疆、青海、甘肃和内蒙古。

（2）黄花红砂 *Reaumuria trigyna* Maxim.

小灌木。叶肉质，圆柱形，常 2~5 个簇生，先端圆，微弯曲。花单生叶腋，花梗纤细；苞片宽卵形，基部扩展，先端短突尖，覆瓦状排列，密接于花萼基部；萼片 5，离生，与苞片同形，几同大；花瓣 5，黄色，矩圆状倒卵形，里面下部具 2 鳞片状附属物；雄蕊 15；子房倒卵形，花柱 3，长于子房。蒴果矩圆形。花期 7~8 月，果期 8~9 月。

产宁夏贺兰山、牛首山及中卫市；多生于干旱石质山坡或砾石滩地。分布于甘肃和内蒙古等。

2. 柽柳属　*Tamarix* L.

（1）白花柽柳 *Tamarix androssowii* Litw.

灌木或小乔木。绿色枝上的叶卵圆形，先端尖，外倾，基部抱茎，下延，2/3 贴生茎上。春季总状花序侧生于去年生枝上，1~4 个簇生，常与当年生绿色枝同时生出，总状花序；苞片矩圆状卵形，长超过花梗的一半或与花梗等长，先端尖，具尖头；花 4 基数，萼片卵形，长为花瓣的 2/3，先端尖；花瓣白色，倒卵形，半张开，花后大部脱落；花盘紫红色，4 裂；雄蕊 4；花柱 3。蒴果圆锥形。花期 4~5 月，果期 5 月。

产宁夏中卫市，出生于盐渍化沙质低洼地或湖滩地。分布于新疆、甘肃、内蒙古等。

（2）甘蒙柽柳 *Tamarix austromongolica* Nakai

灌木或小乔木。叶灰绿色，木质化枝基部叶宽卵形，上部叶披针形，先端尖刺状，外倾，绿色枝上的叶矩圆形或矩圆状披针形，渐尖。春季总状花序侧生于去年生枝上，总状花序，1~2 个簇生，夏秋季总状花序集成圆锥花序生于当年生枝顶端，总状花序；苞片线状披针形，稍长于花梗，花梗短；花 5 基数，萼片卵圆形，边缘膜质；花瓣倒卵形，紫红色，花后宿存；花盘 5 裂；雄蕊 5，着生于花盘裂片间；花柱 3，较长。蒴果 3 裂。花期 5~9 月，果期 8~9 月。

产宁夏盐池、灵武、银川、青铜峡、中卫等市（县），生于沙地、湖滩地及河边滩地。分布于内蒙古、陕西、甘肃、青海、河北、河南、山西等。

（3）柽柳 *Tamarix chinensis* Lour.

灌木或小乔木。叶小，卵状披针形、矩圆状披针形或钻形，先端锐尖，基部鞘状抱茎。总状花序，生于浅绿色幼枝上，组成顶生圆锥花序；苞片狭披针形或钻形，先端尖，基部扩大，稍长于花梗；萼片 5，卵状三角形；花瓣 5，矩圆形或倒卵状矩圆形，开张，宿存；雄蕊 5，生于花盘裂片之间，稍长于花瓣；花盘 5 裂，裂片顶端微凹；花柱 3，棒状。蒴果圆锥形，3 裂；种子细小，先端具簇毛。花果期 5~10 月。

产宁夏六盘山及银川、中卫、青铜峡、盐池等市（县），生于沟渠旁及低洼盐碱湿地或常栽培作绿篱。分布于安徽、河北、河南、江苏、辽宁和山东。

（4）长穗柽柳 *Tamarix elongata* Ledeb.

灌水或小乔木。叶线形、披针形或长圆状披针形，先端尖，背部隆起，基部心形，具耳，半抱茎。总状花序早春侧生于去年生枝上；苞片狭披针形或宽线形，较花萼长；花4基数，密集；萼钟形，边缘膜质；花瓣卵状椭圆形或倒卵形；粉红色或浅玫瑰色；花盘4裂；雄蕊4，与花瓣近等长；子房圆锥形，无花柱，柱头3。花期4~5月，果期5~6月。

产宁夏中卫，生于沙质地或盐碱地。分布于内蒙古、甘肃、青海、新疆等。

（5）多花柽柳 *Tamarix hohenackeri* Bge.

灌木或小乔木。二年生枝暗红紫色。叶线状披针形或卵状披针形，先端渐尖，内弯，半抱茎。春季总状花序侧生于去年生枝上，常1~5个簇生，夏秋季总状花序集成圆锥花序生于当年生枝顶端；苞片宽线形、披针形或倒卵形，长超出花梗；花5基数，萼片卵形，边缘膜质；花瓣不开张，致使花冠呈鼓形或圆球形，花瓣卵形或近圆形，粉红色或淡紫红色，稀白色，花后凋存；花盘5裂；雄蕊5，着生于花盘裂片间或顶端；花柱3，稀4，长为子房的1/2。蒴果。花期5~9月，果期6~9月。

产宁夏中卫市，生于沙地、池沼地。分布于内蒙古、甘肃、青海、新疆等。

（6）**细穗柽柳 *Tamarix leptostachys* Bge.**

灌木。老枝紫褐色，嫩枝灰绿色。叶卵状披针形或卵形，先端渐尖。总状花序细长，着生于当年生枝上，组成密集的半球形或卵形顶生大型圆锥花序，花较稀疏；苞片卵状披针形；萼片 5，卵形，先端渐尖；花瓣 5，卵状矩圆形或卵形，蓝紫色或粉红色；花盘 5 裂，裂片顶端微凹；雄蕊 5，花柱 3。蒴果小；种子细小，顶端具有柄的簇毛。花期 5~6 月，果期 7 月。

产宁夏银川、盐池等市（县），多生于渠沟、路旁或盐碱荒地。分布于新疆、青海、甘肃及内蒙古等。

（7）**短穗柽柳 *Tamarix laxa* Willd.**

灌木。总状花序短；苞片长卵形或矩圆形，先端钝，微带紫红色，长不超过花梗的一半；春季总状花序生于去年生枝上，花 4 基数，主要为春季开花，夏秋季花序生于当年生枝上，常有 5 基数花；萼片三角状卵形，边缘膜质，先端稍钝，绿色或微带紫色，较花瓣短一倍；花瓣张开，矩圆状卵形或矩圆状倒卵形，粉红色、淡紫红色或淡白色，花后脱落。蒴果狭圆锥形。花期 4~5 月，果期 5~6 月。

产宁夏中卫、银川、平罗和中宁等市（县），生于沙漠边缘、湖盆、盐渍化沙地或盐渍化湖滩地。分布于内蒙古、甘肃、青海、新疆等。

（8）多枝柽柳 *Tamarix ramosissima* Ledeb.

灌木。枝条紫红色或红棕色。叶披针形或三角状卵形，几贴于茎上。总状花序生于当年生枝上，组成顶生大型圆锥花序；苞片卵状披针形或披针形；花梗短于或等长于花萼；萼片 5，卵形，先端渐尖或稍钝，边缘膜质；花瓣 5，倒卵形，粉红色或紫红色，直立，彼此靠合，致使花冠呈酒杯状，宿存；花盘 5 裂，裂片顶端具凹陷；雄蕊 5，着生花盘裂片之间，等长或稍长于花瓣；花柱 3。蒴果长圆锥形；3 裂，种子多数，顶端具簇生毛。花期 5~8 月，果期 6~9 月。

产宁夏贺兰山及平罗、石嘴山、中卫等市（县），多生于低洼湿地及沼泽边缘。分布于新疆、青海、甘肃和内蒙古。

3. 水柏枝属 *Myricaria* Desv.

（1）宽苞水柏枝 *Myricaria bracteata* Royle

直立灌木。叶密生于当年生枝上，卵状披针形、线状披针形或狭矩圆形，先端钝或锐尖，基部略扩展，常具狭膜质边缘。总状花序顶生于当年生枝上，密集成穗状。苞片卵形或椭圆形，先端锐尖，边缘膜质；花 5 基数，萼片披针形、矩圆形或椭圆形，略短于花瓣，先端常内弯，具宽膜质边缘；花瓣倒卵形或倒卵状矩圆形，淡红色或紫红色，先端圆钝，基部狭缩，花后凋存；雄蕊 8~10，略短于花瓣，花丝下部 1/2~2/3 以下合生。蒴果狭圆锥形。花期 6~7 月，果期 8~9 月。

产宁夏中卫、灵武、青铜峡等市（县），生于河谷砂砾质河滩、湖边沙地或沟渠边。分布于新疆、西藏、青海、甘肃、陕西、内蒙古、山西、河北等。

（2）宽叶水柏枝 *Myricaria platyphylla* **Maxim.**

直立灌木。叶疏生，宽卵形或椭圆形，先端锐尖或短渐尖，基部圆形或宽楔形，无柄，不抱茎。总状花序侧生于去年生枝上，基部被有多数宿存鳞片，鳞片卵形，先端尖或钝；苞片宽卵形，边缘膜质，较花梗长，宿存；花 5 基数，萼片披针形，绿色，具狭膜质边，先端钝；花瓣倒卵形，粉红色，先端钝圆，基部狭缩，果时凋存，雄蕊 10，花丝合生达 2/3 以上。蒴果 4 棱状圆锥形。花期 3~4 月，果期 5~6 月。

产宁夏中卫、灵武、平罗、盐池等市（县），生于湖滩地、沙地或流动沙丘间洼地。分布于内蒙古、陕西等。

（李德禄　拍摄）

（3）三春水柏枝 *Myricaria paniculata* **P. Y. Zhang et Y. J. Zhang**

直立灌木。叶密生于当年生枝上，披针形、卵状披针形或线形，先端急尖或钝。通常一年开两次花，春季总状花序侧生于去年生枝上，夏秋季总状花序集成圆锥花序生当年生枝顶端；春季花序上的苞片椭圆形，夏秋季花序上的苞片卵形，先端稍钝或具尾状尖，边缘宽膜质；萼片卵状披针形或矩圆状披针形，较花瓣稍短，边缘宽膜质，先端渐尖，内弯；花瓣矩圆状披针形或倒卵状椭圆形，先端钝或近圆形，紫红色，花后宿存；雄蕊 10，花丝下部 1/2~2/3 合生。蒴果狭圆锥形。花期 5~7 月，果期 7~8 月。

产宁夏六盘山，生于河边或砾石河滩地。分布于河南、山西、陕西、甘肃、青海、四川、云南、西藏等。

一〇一 白花丹科 Plumbaginaceae

1. 小蓝雪花属 *Plumbagella* Spach

小蓝雪花 *Plumbagella micrantha* (Ledeb.) Spach

一年生草本。茎直立，多由中上部分枝。基生叶狭卵形或卵状披针形，先端渐尖，基部渐狭延伸成扁平叶柄，边缘具细锯齿；茎生叶卵状披针形、菱状披针形或披针形，先端渐尖，基部耳状抱茎，下部叶边缘具细锯齿，上部全缘。短穗状花序或头状花序着生于分枝顶端；花萼卵形，具 5 棱，萼裂片 5，三角状披针形，与萼筒近等长，外面被头状腺毛；花冠狭钟形，淡蓝紫色，稍短于花萼，顶端 5 裂，裂片内曲；雄蕊 5；子房上位，花柱 5，合生，仅上部分离。蒴果卵状椭圆形，黑褐色，环裂；种子狭卵形，红棕色，光滑。花期 6 月，果期 7 月。

产宁夏六盘山、南华山及隆德、固原、泾源等县，生于山坡、荒地、路边或田边。分布于新疆、青海、甘肃、西藏等。

2. 补血草属　*Limonium* Mill.

（1）黄花补血草 *Limonium aureum* (L.) Hill.

多年生草本。叶基生，矩圆状匙形至倒披针形，顶端圆钝，具小尖头，基部渐狭成扁平的叶柄。穗状花序生于分枝顶端，组成伞房状圆锥花序；花萼漏斗状，被细硬毛，萼裂片5，三角形，先端具1小芒尖，金黄色；花瓣橙黄色，基部合生；雄蕊5；子房倒卵形，柱头丝状圆柱形。蒴果倒卵状矩圆形，具5棱。花期6~8月，果期7~9月。

宁夏全区有分布，生于沟渠边或低洼盐碱地上。分布于甘肃、内蒙古、山西、陕西等。

（2）二色补血草 *Limonium bicolor* (Bunge) Kuntze

多年生草本。叶基生，匙形、倒卵状匙形至矩圆状匙形，先端圆钝，具短尖头，基部渐狭成柄，两面无毛。穗状花序着生于小枝顶端，较密集，组成顶生圆锥花序；花萼漏斗状，沿脉密被细硬毛，边缘 5 裂，裂片宽三角形，先端圆钝，裂片间具小褶，白色；花冠黄色，基部合生，顶端微凹，与萼近等长；雄蕊 5；子房倒卵圆形，花柱 5，离生。花期 5~7 月，果期 6~8 月。

宁夏全区有分布，生于沙质地、砾石滩地或轻度盐碱地。分布于甘肃、河北、黑龙江、河南、江苏、吉林、辽宁、内蒙古、青海、陕西、山东、山西等。

（3）大叶补血草 *Limonium gmelinii* (Willd.) Kuntze

多年生草本。叶基生，较厚硬，长圆状倒卵形、长椭圆形或卵形，先端通常钝或圆，基部渐狭成柄，下表面常带灰白色，开花时叶不凋落。花序呈大型伞房状或圆锥状，花序轴常单生，圆柱状，光滑，穗状花序多少有柄，密集在末级分枝的上部至顶端，由 2~7 个小穗紧密排列而成。萼檐淡紫色至白色，裂片先端钝，脉不达于裂片基部，间生裂片有时略明显；花冠蓝紫色。花期 7~9 月，果期 8~9 月。

银川市有引种栽培。分布于新疆。

（4）细枝补血草 *Limonium tenellum* (Turcz.) Kuntze

多年生草本。叶基生，质厚，矩圆状匙形或线状倒披针形，先端圆或急尖，具短尖，基部渐狭成柄。穗状花序着生于分枝顶端，组成伞房状圆锥花序；花萼漏斗状，淡紫色后变白色，边缘 5 裂，裂片三角形，先端急尖，具短芒尖，边缘具不整齐的细锯齿，裂片间具褶；花冠淡紫红色；雄蕊 5；子房倒卵圆形，柱头丝状圆柱形。花期 6~8 月，果期 7~9 月。

产宁夏贺兰山、牛首山和中卫，生于干旱石质山坡、砾石滩地或沙质地。分布于内蒙古。

一〇二　蓼科　Polygonaceae

1. 荞麦属　*Fagopyrum* Mill.

（1）荞麦 *Fagopyrum esculentum* Moench

一年生草本。茎直立。茎生叶具长柄，叶片三角形；托叶鞘三角形，膜质，无毛。总状花序；花梗细；花被裂片卵形，粉红色；雄蕊与花被裂片近等长，花药淡红色；花盘具腺状突起；花柱 3 个，柱头头状。小坚果卵状三棱形，具三个锐角棱，先端渐尖，基部稍钝，棕褐色，有光泽。花果期 7~9 月。

宁夏普遍栽培。原产中亚，我国南北各地均有栽培。

（2）苦荞麦 *Fagopyrum tataricum* (L.) Gaertn.

一年生草本。茎直立。下部茎生叶具长柄，叶片宽三角形，全缘或微波状；上部茎生叶稍小，具短柄；托叶鞘三角形，膜质。总状花序腋生和顶生，细长，花簇疏松；花被白色或淡粉红色，裂片椭圆形，被稀疏柔毛，宿存。小坚果圆锥状卵形，灰棕色，具三棱，上端角棱、锐利，下端平钝或波状。花果期 6~9 月。

宁夏固原市有栽培。我国东北、华北、西北、西南山区有栽培，有时为野生。

2. 翼蓼属　*Pteroxygonum* Damm. et Diels

翼蓼 *Pteroxygonum giraldii* Damm. et Diels

多年生草本。块根粗壮，近圆形，横断面暗红色。茎攀援，圆柱形，中空，具细纵棱。叶 2~4 簇生，叶片三角状卵形或三角；托叶鞘膜质，宽卵形，顶端急尖，基部被短柔毛。花序总状，腋生，直立，苞片狭卵状披针形，淡绿色，通常每苞内具 3 花；花被 5 深裂，白色，花被片椭圆形；瘦果卵形，黑色，具 3 锐棱，沿棱具黄褐色膜质翅，基部具 3 个黑色角状附属物。花期 6~8 月，果期 7~9 月。

宁夏固原市各县区有种植。分布于河北、山西、河南、陕西、甘肃、湖北和四川。

3. 沙拐枣属　*Calligonum* L.

（1）沙拐枣 *Calligonum mongolicum* Turcz.

灌木。老枝灰白色，常呈膝曲弯曲；叶线形，具1脉。花两性，绿白色或淡红色，2~3朵簇生叶腋；花梗纤细，顶端扩大，下部具关节；花被片卵形；雄蕊12~16个，子房椭圆形，有纵列鸡冠状突起。小坚果椭圆形，每一肋状突起具3行刺毛，刺毛2~3回叉状分枝，刺毛等长或短于果实宽度，细弱而脆，易折断。花期4~5月，果期5~9月。

产中卫市沙坡头，多生于半固定沙丘上。分布于内蒙古、甘肃、新疆等。

（2）乔木状沙拐枣 *Calligonum arborescens* Litv.

灌木。老枝灰白色，一年生枝簇生，细长，单一或稍分枝，具关节。叶退化成鳞片状，具短的褐色尖。花2~3朵簇生叶腋，花梗纤细，无毛，中部以下具关节；花被片长圆形，粉红色，果期反折。小坚果卵圆形，几成90°扭曲，每一肋状突起具2行刺毛，刺毛稀疏，易断，基部稍扁，中部以上3回叉状分枝。花期4~5月，果期5~6月。

宁夏中卫市沙坡头有栽培。甘肃、新疆等亦有栽培。

（3）头状沙拐枣 *Calligonum caput-medusae* Schrenk

灌木。老枝淡灰色或灰黄色，一年生枝淡绿色。叶细小，锥形，基部具膜质边缘。花两性，粉红色，2~3 朵簇生叶腋；花被片卵圆形，果期反折。小坚果椭圆形，扭曲，每一肋状突起具 2 行刺毛，刺毛密集，分离，基部稍扁，2~3 回叉状分枝，刺毛不易折断。花期 4~5 月，果期 5~6 月。

宁夏中卫沙坡头自中亚引入栽培，为优良的固沙植物。

（刘冰 拍摄）

4. 大黄属 *Rheum* L.

（1）矮大黄 *Rheum nanum* Siev. ex Pall.

多年生草本。根肥厚，圆锥形。无茎生叶。基生叶具短柄，叶片革质，近圆形，叶缘具白色星状瘤。圆锥花序顶生，2 次分枝；苞片小，卵形，褐色，肉质状；花小，黄色，花被片 6，排列成 2 轮，外轮 3 片较小；雄蕊 9 个，子房三棱形，花柱 3，柱头头状。小坚果肾圆形，具 3 棱，沿棱具宽翅，花被宿存。花果期 6~7 月。

产宁夏贺兰山北端汝箕沟和龟头沟，生于干旱石质阳坡。分布于甘肃、内蒙古和新疆。

（刘冰 拍摄）

（2）**掌叶大黄** *Rheum palmatum* L.

多年生草本。根粗壮，皮暗褐色。茎直立。基生叶和下部茎生叶具长柄；叶片宽心形，掌状浅裂至半裂，基部浅心形，边缘具 3~7 个裂片。圆锥花序顶生；花小，红紫色，数朵簇生；花被片 6，排列为两轮，外轮花被片稍小，长椭圆形，内轮花被片椭圆形；雄蕊 9 个；花柱 3 个，柱头头状。小坚果长椭圆形，具 3 棱，沿棱具翅，棕色。花期 6 月，果期 7 月。

宁夏固原市原州区、隆德、泾源等市（县）普遍栽培。分布于甘肃、四川、青海、云南、西藏等。

（3）**波叶大黄** *Rheum rhabarbarum* L.

多年生草本。根肥厚。茎直立，不分枝。基生叶大，叶片心状卵形；叶柄半圆柱形，粗壮；托叶鞘膜质。花小，白色，密集成顶生圆锥花序；苞小，肉质，内含 3~5 朵花；花被片 6，卵形，排列为 2 轮，外轮 3 片较厚而小，花后向背面反折；雄蕊 9 个；子房 3 棱形，花柱 3 个，柱头略膨大呈圆片形。小坚果 3 棱形，有翅，具宿存花被。花期 6~7 月，果期 8~9 月。

产宁夏六盘山和罗山，生于向阳山坡、路边及村庄附近。分布于山西、河北、内蒙古和河南。

（4）**总序大黄** *Rheum racemiferum* **Maxim.**

多年生草本。根肥厚。茎直立。基生叶大，革质，宽卵形，边缘具波皱；叶柄粗壮，基部稍扩大；托叶鞘宽卵形。圆锥花序顶生，苞片小，披针形，膜质，褐色；花小，白绿色；花被片6个，排列为2轮，外轮3片较小，矩圆状椭圆形，内轮3片较大，宽椭圆形；雄蕊9个；子房3棱形，花柱3个，柱头膨大成马蹄形。小坚果宽卵形，具3棱，沿棱具翅，翅暗红色，花被宿存。花期6月，果期7月。

产宁夏贺兰山和牛首山。分布于内蒙古和甘肃等。

（5）**鸡爪大黄**（唐古特大黄）*Rheum tanguticum* **Maxim. ex Regel**

多年生草本。根肥大，圆锥形。茎直立。基生叶大，圆形，掌状深裂，裂片3~7个，裂片羽状深裂，小裂片再羽状浅裂。圆锥花序；花小，花被片6个，排列为两轮；雄蕊9个；花柱3个，柱头头状。小坚果椭圆形，具3棱，沿棱具翅，花被宿存。花期6月，果期7~8月。

产宁夏六盘山，生于沟谷林缘或山坡草地。分布于甘肃、青海和西藏。

（6）单脉大黄 *Rheum uninerve* Maxim.

根肉质，肥厚。叶基生，叶片近革质，卵形，边缘具较弱的皱波及不整齐的波状齿，叶脉为掌状的羽状脉。圆锥花序 1~3 个，自根状茎顶部抽出；苞片小，三角状卵形；花小，白色，花被片 6，排成 2 轮，外轮 3 片较小，椭圆形，内轮 3 片较大，宽椭圆形；雄蕊 9；子房三棱形，花柱 3，柱头头状。小坚果宽椭圆形，沿棱具宽翅，花被宿存。花期 6~7（8）月，果期 8~9 月。

产宁夏贺兰山、罗山、石嘴山、青铜峡、中卫市和灵武市，生于石质山坡及丘陵坡地。分布于甘肃、内蒙古、青海等。

5. 酸模属　*Rumex* L.

（1）酸模 *Rumex acetosa* L.

多年生草本。茎直立。基生叶具长柄，与叶片几乎等长；叶片卵状披针形，先端钝，基部箭形，背面被乳头状突起；茎上部叶较小，披针形，基部抱茎；托叶鞘膜质，棕褐色，上端斜形。圆锥花序狭窄；花单性，雌雄异株；苞片披针形，锐尖；花被片 6，红色；雄花花被片直立，外轮花被片稍小；雄蕊 6 个，与花被片等长；子房 3 棱形，花柱 3，柱头画笔状。小坚果 3 棱形，角棱锐。花期 7 月，果期 8 月。

产宁夏六盘山，生于潮湿的沟谷、路旁及林缘草地。分布于南北各省区。

（2）水生酸模 *Rumex aquaticus* L.

多年生草本。茎直立，具沟纹。基生叶和茎下部叶卵，基部心形，两面无毛或背面沿脉具稀疏乳头状突起；上部茎生叶渐小，心状卵形；叶柄向上渐短，托叶鞘膜质，管状。花两性；圆锥花序大形，多分枝；花数朵轮生成簇，花梗细，基部具关节；花被片6，排列成2轮，外轮花被片小，长圆形，内轮花被片大，先端钝。小坚果椭圆状3棱形，褐色。花期7月，果期8~9月。

产宁夏六盘山及西吉县火石寨，生于河谷溪流边。分布于黑龙江、吉林、山西、陕西、甘肃、青海、新疆、湖北和四川。

（3）皱叶酸模 *Rumex crispus* L.

多年生草本。根肥厚。茎直立，单生，具纵沟纹，带红色。叶片长圆状披针形，两面无毛。花两性，多数花簇轮生；花序狭圆锥状；外轮花被片椭圆形，内轮花被片果时增大，宽卵形，具瘤状物，小瘤卵形，橘黄色，雄蕊6个，柱头3个，画笔状。小坚果卵状3棱形，包藏于内花被片内。花期6月，果期7月。

宁夏普遍分布，生于田边、路旁、湿地或水边。分布于东北、华北、西北及四川、云南、广西、福建、台湾等。

（4）齿果酸模 *Rumex dentatus* L.

一年生草本。茎直立。茎下部叶长圆形，基部圆形，边缘浅波状，茎生叶较小。花序总状，具叶由数个再组成圆锥状花序，多花，轮状排列，花轮间断；花梗中下部具关节；外花被片椭圆形；内花被片果时增大，三角状卵形，顶端急尖，基部近圆形，网纹明显，全部具小瘤，边缘每侧具 2~4 个刺状齿，瘦果卵形，具 3 锐棱，两端尖，黄褐色，有光泽。花期 5~6 月，果期 6~7 月。

产宁夏引黄灌区，生于沟边湿地、山坡路旁。分布于华北、西北、华东、华中及四川、贵州、云南。

（5）巴天酸模 *Rumex patientia* L.

多年生草本。根粗壮，肥厚。茎直立，单一，具纵沟纹。基生叶和下部茎生叶长椭圆形，边缘具波状皱折；茎上部叶小而狭。圆锥花序大形；花两性，花被片 6，排列为 2 轮，内轮花被片果时增大，呈宽卵形，边缘具皱折或不明显的钝圆缺刻，仅有 1 片具小瘤，小瘤狭长卵形。小坚果卵状三棱形，角棱锐，褐色。花期 5 月，果期 6~7 月。

产宁夏贺兰山、六盘山及西吉县火石寨，生于路边、湿地、沟边及村庄附近。分布于东北、华北、西北及山东、河南、湖南、湖北、四川和西藏。

6. 西伯利亚蓼属　*Knorringia* (Czukav.) Tzvelev

西伯利亚蓼 *Knorringia sibiricum* (Laxim.) Tzvelev

多年生草本。根状茎细长。叶片矩圆状披针形，基部具一对小裂片而略呈戟形，并下延成叶柄，全缘。圆锥花序顶生；苞漏斗状，顶端截形，内含 5~6 朵花；花被绿白色，5 深裂，裂片椭圆形，雄蕊 7~8 个，与花被近等长；花柱 3，甚短，柱头头状。小坚果卵形，具 3 棱，黑色，有光泽，包藏于宿存花被内。花期 6~7 月，果期 7~8 月。

宁夏全区普遍分布，生于田边、路旁及低洼湿地。分布于黑龙江、吉林、辽宁、内蒙古、河北、山西、山东、河南、陕西、甘肃、青海、新疆、安徽、湖北、江苏、四川、贵州、云南和西藏。

7. 何首乌属　*Fallopia* Adans.

（1）木藤蓼 *Fallopia aubertii* (L. Henry) Holub

多年生草本或半灌木。茎缠绕，无毛。叶片长卵形，先端急尖，基部浅心形；托叶鞘膜质，浅褐色，顶端截形，破碎。圆锥花序大形，顶生；苞膜质，鞘状，先端斜形，急尖，内含 3~6 朵花；花梗细，上部具翅，下部具关节；花被白色，5 深裂，外面裂片 3，背部具翅，翅下延至花梗下部关节，内面裂片 2；雄蕊 8 个；花柱短，柱头 3。小坚果卵形，具 3 棱，黑褐色，包藏于宿存花被内；翅倒卵形，基部下延。花期 7 月，果期 8~9 月。

产宁夏六盘山、贺兰山和罗山，生于山坡、灌丛、沟旁附近。分布于内蒙古、山西、河南、陕西、甘肃、青海、湖北、四川、贵州、云南和西藏。

（2）**卷茎蓼** *Fallopia convolvulus* (L.) Love

一年生草本。茎缠绕，无毛。叶三角状卵形，端长渐尖，基部心形；叶柄细，具纵条棱，棱上具极细的钩刺；托叶鞘膜质，先端截形。花簇生叶腋，向上成具叶的短总状花序；苞膜质，含 2~4 朵花；花梗短，上端具关节；花被淡绿色，边缘白色，5 浅裂，内面裂片 2，卵圆形，外面裂片 3，舟状；雄蕊 8 个；花柱短，柱头 3 个，头状。小坚果卵形，具 3 棱，黑色，表面具小点，全部包藏于宿存花被内。花果期 6~7 月。

宁夏南部山区普遍分布，生于山坡、草地及田边。分布于东北、华北、西北以及山东、江苏、安徽、台湾、湖北、四川、贵州、云南和西藏。

（3）齿翅蓼 *Fallopia dentatoalata* **(Fr. Schm.) Holub**

一年生草本。茎缠绕。叶卵形，先端渐尖，基部心形；托叶鞘膜质，褐色，顶部斜形，无毛。总状花序；苞筒形，内具 4~5 朵花，花梗短，果期伸长，中部以下具关节；花被 5 深裂，紫红色，外面 3 片较大，倒卵形；雄蕊 8；花柱短，3 裂，柱头头状。坚果三棱形，两端尖，黑色，具点状纹，包于增大的花被内。花期 6~8 月，果期 8~9 月。

产宁夏海原、彭阳和固原原州区等市（县），生于山坡灌丛草地。分布于东北、华北及陕西、甘肃、青海、江苏、安徽、河南、湖北、四川、贵州和云南。

8. 木蓼属 *Atraphaxis* L.

（1）沙木蓼 *Atraphaxis bracteata* **A. Los.**

灌木。叶互生，圆形，边缘折皱，两面无毛；托叶鞘膜质，斜形，顶端 2 裂。总状花序；苞片卵形，边缘膜质，每一苞腋内生 1 朵花；花被片 5 个，淡红色，排列为 2 轮，外轮花被片较小，宽卵形，内轮花被片圆形，顶端钝圆；雄蕊 9 个，花丝锥形，花药 2 室；子房三棱形，花柱 3 个，柱头头状。小坚果卵状三棱形。花期 5 月，果期 6~7 月。

产宁夏中卫市沙坡头和灵武白芨滩。分布于内蒙古、甘肃、新疆、青海和陕西。

（2）东北木蓼 *Atraphaxis manshurica* Kitag.

灌木。叶互生，长椭圆形，全缘，向背面反卷，两面无毛，基部具关节；托叶鞘膜质。总状花序；苞片矩圆状卵形，膜质，每一苞腋中生 2~4 朵花；花被片 5 个，淡红色，排列为 2 轮，外轮花被片较小，椭圆形，内轮花被片卵状椭圆形；雄蕊 8 个；子房具 3 棱，花柱 3 个，柱头头状。小坚果卵状三棱形。花期 5 月，果期 6~7 月。

产宁夏贺兰山东麓及中卫、石嘴山、青铜峡、中宁同心等（市）县，生于石质山坡及荒漠半荒漠草原。分布于辽宁、河北、内蒙古和陕西。

（3）锐针木蓼 *Atraphaxis pungens* (M. B.) Jaub. et Spach.

矮小灌木。叶互生，椭圆形，边缘波状，向背面反卷；托叶鞘膜质。总状花序侧生，苞片卵形，膜质；花被片 5 个，淡红色，排列为 2 轮；雄蕊 8 个；子房倒卵形，花柱 3 个，柱头头状。小坚果卵形，具 3 棱。花期 5~6 月，果期 6~7 月。

产宁夏贺兰山三关口，生于石质山坡、荒漠及半荒漠草原。分布于新疆、内蒙古、甘肃和青海。

（李德禄 拍摄）　（周欣欣 拍摄）　（周欣欣 拍摄）

9. 蓼属 *Polygonum* L.

（1）扁蓄 *Polygonum aviculare* L.

一年生草本。叶具短柄，叶片长椭圆形，全缘；托叶鞘膜质，多裂。花常生叶腋，花被 5 裂，绿色，边缘白色或淡红色；雄蕊 8 个；花柱 3 个，柱头头状。小坚果卵形，具 3 棱，黑色或褐色，表面具不明显的线纹状小点，稍露出于宿存的花被外。花期 6~8 月，果期 7~9 月。

宁夏全区普遍分布，常生于田野、路旁、荒地及渠沟边湿地。全国各地均有分布。

（2）两栖蓼 *Polygonum amphibium* L.

多年生草本。茎横走，无毛，节上生不定根。叶浮于水面，具长柄，叶片长圆形；托叶鞘膜质，先端截形。穗状花序顶生，花排列紧密；苞片三角形，内含 3~4 朵花；花被粉红色，5 深裂，裂片卵形；雄蕊 5 个；花柱 2 个，基部合生，露出花被外，子房倒卵形。小坚果两面凸，黑色，有光泽。花期 7~8 月，果期 8~9 月。

宁夏引黄灌区普遍分布，多生于池塘、排水沟及低洼稻田中。南北各地均有分布。

（3）柳叶刺蓼 *Polygonum bungeanum* Turcz.

一年生草本。茎直立，疏生倒生刺。叶片椭圆状披针形，先端渐尖，基部楔形；叶柄基部扩展，被短伏毛；托叶鞘膜质，筒形。圆锥花序细长，花稀疏，花序轴被腺毛；苞片漏斗状，紫红色，顶端斜形；花小，白色或粉红色，花被5深裂，裂片椭圆形；雄蕊7~8个；花柱2个，中部以下合生，柱头头状。小坚果近圆形，扁平，两面稍突出，黑色，包于宿存的花被内。花期5~6月，果期6~8月。

宁夏引黄灌区普遍分布，生于渠沟边、池沼地，以及低洼湿地。分布于甘肃、河北、黑龙江、江苏、辽宁、吉林、内蒙古、山东和陕西。

（4）拳参 *Polygonum bistorta* L.

多年生草本。根状茎肥厚，皮黑褐色；茎直立。基生叶及茎下部叶具长柄，叶片矩圆状披针形，边缘全缘；托叶鞘膜质，浅褐色，先端斜形；茎上部叶披针形，无柄，基部常抱茎。穗状花序圆柱状，顶生，苞片膜质，卵形，内含4朵花；花被白色或粉红色，5深裂，裂片椭圆形；雄蕊8个，花柱3个。小坚果椭圆形，具3棱，褐色或黑褐色，常露出宿存花被外。花期6~7月，果期8~9月。

产宁夏贺兰山，多生于海拔2500m以上的山地草甸。分布于华北、西北及山东、河南、湖北、江苏、浙江等。

（5）辣蓼 *Polygonum hydropiper* L.

一年生草本。茎较细瘦。叶片披针形，两面被黑色腺点，叶缘具缘毛；叶柄短；托叶鞘膜质，筒形，先端截形。穗状花序，下部花稀疏；苞漏斗状，边缘膜质，背部绿色，表面具腺点，边缘稍斜，内含3~5朵花；花被片淡绿色，4~5深裂，裂片倒卵形，密被褐色腺点；雄蕊6个，较花被短；花柱2~3个，柱头头状。小坚果卵形，一面平一面凸，包于宿存花被内。花果期8~9月。

宁夏引黄灌区普遍分布，生于水沟边、路旁湿地、池沼边及井旁。分布于南北各地。

（6）圆穗蓼 *Polygonum macrophyllum* D. Don

多年生草本。茎直立，不分枝。基生叶长圆形或披针形，顶端急尖，基部近心形，上面绿色，下面灰绿色，边缘叶脉增厚，外卷；茎生叶较小狭披针形或线形，叶柄短或近无柄；托叶鞘筒状，膜质，下部绿色，上部褐色，顶端偏斜，开裂，无缘毛。总状花序呈短穗状，顶生；苞片膜质，卵形，顶端渐尖，每苞内具2~3朵花；花梗细弱，比苞片长；花被5深裂，淡红色或白色，花被片椭圆形；雄蕊8；花柱3，柱头头状。瘦果卵形，具3棱，黄褐色。花期7~8月，果期9~10月。

产宁夏六盘山、贺兰山和南华山，生于高山草甸。分布于陕西、甘肃、青海、湖北、四川、云南、贵州和西藏。

（7）**圆叶蓼** *Polygonum intramongolicum* **Borodina**

小灌木。老枝皮条状裂，灰褐色。叶革质，叶片近圆形，边缘具波状钝齿，沿脉及边缘有乳头状突起；具短柄，托叶鞘膜质，褐色。总状花序顶生，苞片膜质，褐色，基部卷折成漏斗状，每苞腋内具3朵花；花梗被乳头状突起；花小，粉红色或白色，花被5深裂，裂片倒卵形；雄蕊3，短于花被，花丝基部扩大；子房椭圆形，具3棱，花柱3，柱头头状。小坚果3棱形，褐色。花期6~7月。

产宁夏贺兰山三关口，生于石质低山丘陵。分布于内蒙古。

（8）**酸模叶蓼** *Polygonum lapathifolium* **L.**

一年生草本。茎直立。叶片披针形，表面中部常有黑色斑点，主脉及叶缘具刺毛，背面具腺点；叶柄短，被刺毛；托叶鞘膜质，管状，先端截形，无毛。圆锥花序，花苞漏斗状；花被片淡绿色或粉红色，4深裂，被腺点；雄蕊6个；花柱2个，向外弯曲。小坚果圆卵形，扁平，黑褐色，有光泽，苞藏于宿存花被内。花期6~8月，果期7~10月。

宁夏引黄灌区普遍分布，多生于沟渠边、池沼边及低洼湿地。我国南北各地均有分布。

（9）尼泊尔蓼 Polygonum nepalense Meisn.

一年生草本。叶片卵形，表面无毛，背面密生黄色腺点，上部叶无柄并扩展成耳状；托叶鞘膜质，管形，先端截形，浅褐色。头状花序具叶状总苞；苞卵状椭圆形，边缘膜质，背部绿色，内含 1 朵花；花被紫红色 4 深裂；雄蕊 5~6 个，花柱 2 个，柱头头状。小坚果扁卵形，两面凸，全包藏于宿存的花被内。花期 7~8 月，果期 8~9 月。

产宁夏六盘山和贺兰山，生于田边、路旁及湿润草地。除新疆外，全国均有分布。

（10）红蓼 Polygonum orientale L.

一年生草木。茎直立。叶片椭圆形，全缘，侧脉明显；托叶鞘膜质。由几个穗状花序排列成松散的圆锥状；苞片漏斗状，内生 1~5 朵花；花被红色，5 深裂，裂片椭圆形；雄蕊 7 个，露出于花被外；花盘具数个裂片；花柱 2，基部合生。小坚果近圆形，扁平，全包藏于宿存花被内。花期 6~7 月，果期 7~9 月。

宁夏全区普遍栽培。除西藏外，广布于全国各地，野生或栽培。

（11）箭头蓼 *Polygonum sagittatum* L.

一年生草本。茎伏卧或直立，细弱，四棱形，沿棱具倒生钩刺，无毛。叶具柄，具倒生钩刺；叶片长卵形，基部箭形，沿中脉具倒生钩刺；托叶鞘膜质，褐色，斜形，边缘具刚毛。头状花序顶生，通常成对，花密集，总花梗无毛；苞片矩圆状卵形；花白色或淡红色，花被 5 深裂，裂片矩圆形；雄蕊 8；花柱 3，下部合生，柱头头状。小坚果卵形，有 3 棱，黑色。花果期 7~9 月。

产宁夏贺兰山，生于海拔 1800~2400m 的山坡草地、沟谷水边。分布于东北、华北、华东、华中及陕西、甘肃、四川、贵州和云南。

（12）支柱蓼 *Polygonum suffultum* Maxim.

多年生草本。茎直立。叶片三角状长卵形，先端长渐尖，基部心形；茎上部叶渐小。穗状花序短小，苞膜质，褐色，卵形，内含 1 朵花；花梗短，先端具关节，基部具 1 漏斗状小苞；花被绿白色，5 深裂，裂片椭圆形，先端钝圆；雄蕊 8 个，露出花被外；花柱 3 个，线形，柱头头状。小坚果椭圆形，具 3 棱，黑褐色，稍露出于宿存的花被外。花期 5 月，果期 6~7 月。

产宁夏六盘山，生于林缘、林下。分布于河北、山西、河南、陕西、甘肃、青海、浙江、安徽、江西、湖南、湖北、四川、贵州和云南。

（13）柔毛蓼 *Polygonum sparsipilosum* A. J. Li

一年生小草本。茎细弱，直立。叶片三角状卵形，先端钝圆，基部圆形或截形；叶柄细，无毛；托叶鞘膜质，淡褐色，上部 2 裂，近茎节处具倒生白色柔毛。花簇生枝端，具叶状总苞；花被白色，4 深裂，裂片椭圆形；雄蕊 7 个，较花被短，2~5 个发育；花柱 3 个，甚短，柱头头状。小坚果卵形，具 3 棱，黄褐色，先端露出于花被之外。花果期 7~9 月。

产宁夏六盘山和贺兰山，生于海拔 2400m 以上的山坡林下湿润地或草地。分布于陕西、甘肃、青海、内蒙古、四川和西藏等。

（14）珠芽拳蓼 *Polygonum viviparum* L.

多年生草本。茎直立紫红色。基生叶及茎下部叶具长柄，叶片革质，矩圆状长椭圆形；上部茎生叶渐小，无柄；托叶鞘膜质。穗状花序顶生，苞片膜质，宽卵形；珠芽圆卵形，褐色，常生于花穗下部；花被白色或粉红色，5 深裂；雄蕊 8 个；花柱 3 个，柱头小，头状。小坚果卵形，具 3 棱，深褐色，有光泽。花期 6 月，果期 6~7 月。

产宁夏六盘山、贺兰山、南华山、月亮山和罗山，多生于阴湿的山地草甸。分布于华北及吉林、河南、陕西、甘肃、青海、四川、云南等。

一〇三　石竹科　Caryophyllaceae

1. 裸果木属　*Gymnocarpos* Forssk.

裸果木 *Gymnocarpos przewalskii* Bunge ex Maxim.

半灌木。分枝多而曲折。叶线状扁圆柱形，先端锐尖，具小尖头；托叶膜质；几无叶柄。聚伞花序叶腋生；苞片膜质，白色透明，宽椭圆形；花托钟状漏斗形，具肉质花盘；萼片 5，倒披针形，先端具小尖头，外面被短柔毛；无花瓣；雄蕊 2 轮，外轮 5，无花药，内轮 5，与萼片对生，具花药；子房上位，含 1 基生胚珠，花柱 1，丝状。瘦果包藏于宿存花萼中。花期 5~6 月，果期 6~7 月。

产宁夏中卫、贺兰山大窑沟和青铜峡，生于干旱石质山坡或荒漠地带。分布于内蒙古、甘肃、新疆和青海。

2. 牛漆姑草属　*Spergularia* (Pers.) J. & C. Presl

（1）二蕊拟漆姑 *Spergularia diandra* (Guss.) Heldr.

一年生草本。茎斜升，基部多分枝。叶线形；托叶膜质，宽卵形。花单生叶腋，组成疏的总状花序；萼片 5，长椭圆状卵形，边缘膜质，背面被短腺毛；花瓣 5，淡紫红色，长椭圆形，较萼片短；雄蕊 2 或 3；子房卵形。蒴果圆卵形；种子卵形，红褐色，无翅。花期 6~7 月，果期 8~9 月。

产宁夏贺兰山及中卫市，生于草地、山谷湿地或河滩地。分布于甘肃、青海、新疆等。

（2）牛漆姑草 *Spergularia marina* (L.) Grisebach

一年生草本。茎铺散。叶线形，稍肉质，先端钝，具突尖，全缘，无柄，中肋不明显；托叶膜质，三角状卵形。花单生叶腋；萼片长卵形，先端钝，边缘宽膜质；花瓣卵状椭圆形，白色或淡粉红色，先端钝；雄蕊 5 个；子房卵形，花柱 3 个。蒴果卵形。种子三角状卵形，褐色。花期 5~6 月，果期 6~7 月。

宁夏全区普遍分布，多生沙质地。分布于东北、华东、华北及西北。

3. 种阜草属　*Moehringia* L.

种阜草 *Moehringia lateriflora* (L.) Fenzl

多年生草本。茎纤细，直立，常带紫色，单一或稍分枝。叶椭圆状披针形或椭圆形，先端钝，基部楔形，全缘。花单生叶腋或成顶生聚伞花序，具花 1~3 朵；花梗纤细，中部具 1 对小苞片，长椭圆形；萼片椭圆形，先端稍钝，边缘宽膜质，无毛；花瓣白色，矩圆状倒卵形，较萼片长，先端钝，全缘；雄蕊 10；花柱通常 3，稀 4。蒴果卵形。种子肾状扁球形，平滑。花期 6~7 月，果期 7~8 月。

产宁夏六盘山，生于河谷溪边或林缘。分布于甘肃、河北、黑龙江、吉林、辽宁、内蒙古、山西和新疆。

（刘冰　拍摄）

4. 无心菜属　*Arenaria* L.

（1）点地梅状老牛筋 *Arenaria androsacea* Grub.

多年生垫状草本。茎多分枝，枝细，无毛。叶片线状钻形，顶端具刺尖，边缘稍内卷。花 1~3 朵，呈聚伞状；苞片卵状披针形，顶端尖，边缘具宽白色干膜质；花序与花梗密被腺柔毛；萼片 5，卵状披针形，基部较宽，边缘狭膜质，顶端尖，外面被腺柔毛，具 1 脉；花瓣 5，白色，长圆状倒卵形，长于萼片，顶端稍呈波状；花盘具 5 枚腺体；雄蕊 10，花丝与萼片近等长；子房卵圆形，花柱 3。蒴果卵圆形，稍长于宿存萼，3 瓣裂，裂瓣顶端再 2 裂。花果期 7~9 月。

产宁夏贺兰山，生于海拔 2700~3270m 的碎石山坡。分布于新疆、甘肃、青海和内蒙古。

（2）美丽老牛筋 *Arenaria formosa* Fisch. ex Ser.

多年生草本。密丛生。茎直立。叶片线形或线状钻形，基部较宽，连合成短鞘，边缘平展不卷，顶端渐尖。花1~3朵，呈聚伞状；苞片卵状披针形；花梗被腺柔毛；萼片5，卵状披针形或卵形，基部较宽，顶端急尖，外面中脉凸起，多少被腺柔毛；花瓣5，白色，倒卵形或倒卵状长圆形；雄蕊10，5长，5短，花丝中间具1脉，花药椭圆形，淡黄色；子房倒卵形，花柱3，柱头棒状。花期7~8月。

产宁夏贺兰山，生于干旱石质山坡或石隙中。分布于内蒙古、甘肃和新疆。

（3）无心菜 *Arenaria serpyllifolia* L.

一年生或二年生草本。茎多数簇生，稍铺散，密生白色短柔毛。叶卵形，无柄，边缘具睫毛，两面疏生柔毛。聚伞花序疏生枝顶；苞片和小苞片草质，卵形，密生柔毛；花梗密生柔毛或腺毛；萼片5，披针形，具3脉，被短柔毛；花瓣5，倒卵形，白色；雄蕊10，比花萼短；子房卵形，花柱3。蒴果卵形。花果期4~6月。

产宁夏六盘山，生于荒地、田间、路边。分布于全国各地。

5. 薄蒴草属 *Lepyrodiclis* Fenzl

薄蒴草 *Lepyrodiclis holosteoides*（C. A. Mey.）Fenzl ex Fisch. et Mey.

一年生草本。茎多分枝。叶线形或线状披针形，先端锐尖，基部渐狭，全缘。疏散圆锥状聚伞花序顶生；花梗细，密生腺柔毛；苞和小苞叶质，披针形或线状披针形；萼基部不肥厚，萼片 5，线状披针形至长圆状披针形，先端锐尖，边缘狭膜质，背部疏生腺毛；花瓣 5，白色，宽倒卵形，与萼片等长或稍长，先端全缘或微凹，基部楔形；雄蕊 10；子房卵形，花柱 2，短线形。蒴果卵形。种子扁平，红褐色。花期 6~7 月，果期 7~8 月。

产宁夏贺兰山、六盘山及隆德等县，多生于海拔 2000m 左右的山坡草地或林缘。分布于甘肃、河南、内蒙古、青海、陕西、四川、西藏和新疆。

6. 孩儿参属 *Pseudostellaria* Pax

（1）蔓孩儿参 *Pseudostellaria davidii*（Franch.）Pax

多年生草本。块根纺锤形。茎细弱，斜升或匍匐蔓生。叶卵形，先端突尖，基部圆楔形或近圆形。开花受精的花单一，生于枝端或茎上部叶腋，花梗细，被 1 列短毛；萼片 5，披针形，边缘膜质，背面及边缘被毛；花瓣 5，白色，长倒卵形或长圆状倒卵形；雄蕊 10，稀 8，花药紫色；子房卵形，花柱 3，稀 2。蒴果广椭圆形。花期 6~7 月，果期 7~8 月。

产宁夏六盘山，生于海拔 1700m 左右的林缘或山谷溪边。分布于安徽、甘肃、广西、河北、黑龙江、河南、吉林、辽宁、内蒙古、青海、陕西、山东、山西、四川、新疆、西藏、云南、浙江等。

（2）孩儿参 *Pseudostellaria heterophylla* (Miq.) Pax

多年生草本。块根长纺锤形。茎单生，细弱。茎中部以下通常具 3~5 对叶，狭长倒披针形至狭长圆形，向上的叶渐变大，茎顶部常 2 对叶相集，花期呈长圆状披针形至卵状披针形，先端突尖，基部圆楔形。茎上部开花受精的花较大，通常 1~3 朵腋生或成简单的聚伞花序；萼片 5，狭披针形；花瓣 5，白色，与萼片等长，顶端 2 微齿裂或近全缘；雄蕊 10；子房卵形，花柱 3。蒴果卵形或近球形；种子肾形，具瘤状突起。花期 6~7 月，果期 7~8 月。

产宁夏六盘山，生于海拔 2000m 左右的林下、水沟边。分布于安徽、福建、广东、河北、河南、湖北、湖南、江苏、陕西、四川、云南和浙江。

（周繇　拍摄）

7. 卷耳属　*Cerastium* L.

（1）卷耳 *Cerastium arvense* L.

多年生草本。茎直立。叶长圆状披针形，具缘毛。聚伞花序顶生；萼片 5，长圆状披针形，紫色；花瓣倒卵形，先端 2 裂，白色；雄蕊 10 个；子房圆球形，花柱 5，线形。蒴果长圆柱形，先端 10 齿裂。种子肾形，略扁，具疣状突起。花期 7~8 月，果期 9 月。

产宁夏贺兰山及六盘山，生于山坡林缘、草地、沟谷。分布于河北、山西、内蒙古、陕西、甘肃、青海、新疆和四川。

（2）簇生泉卷耳 *Cerastium fontanum* Baumg. subsp. *vulgare* (Hartman) Greuter & Burdet

多年生或二年生草本。茎斜升，丛生。叶卵状披针形，无柄。二歧聚伞花序顶生；萼片宽披针形，密被柔毛，边缘宽膜质；花瓣白色，倒卵状矩圆形，先端 2 浅裂；雄蕊 10；子房宽卵形，花柱 5。蒴果圆筒形，10 齿裂。花期 6~7 月，果期 7~8 月。

产宁夏固原市原州区，生于海拔 1900m 左右的山坡草地、林缘。分布于安徽、福建、甘肃、广东、贵州、河北、黑龙江、河南、湖北、湖南、江苏、江西、吉林、辽宁、内蒙古、青海、陕西、山西、四川、台湾、新疆、西藏、云南和浙江。

（3）缘毛卷耳 *Cerastium furcatum* **Cham. et Schlecht.**

多年生草本。茎直立。基生叶匙形，下面密被毛，全缘。聚伞花序顶生，具花 5~10 朵。萼片 5，卵状披针形，先端具紫色斑纹，背面密生腺毛；花瓣 5，倒卵形，白色，先端 2 裂，基部具缘毛，较萼片长一半或更长；雄蕊 10；子房圆球形，花柱 5，线形。蒴果圆柱形；种子扁圆形，红褐色，具疣状突起。花期 6 月，果期 7~8 月。

产宁夏六盘山及泾源、固原等市（县），多生于海拔 2100m 左右的林缘、路旁、砾石河滩地。分布于吉林、山西、陕西、甘肃、四川、云南和西藏。

（4）山卷耳 *Cerastium pusillum* **Seringe**

多年生草本。茎丛生，上升，密被柔毛。茎下部叶较小，叶片匙状，顶端钝，基部渐狭成短柄状；茎上部叶稍大，叶片长圆形至卵状椭圆形，顶端钝，基部钝圆或楔形，两面均密被白色柔毛。聚伞花序顶生，具 2~7 朵花；苞片草质；萼片 5，披针状长圆形；花瓣 5，白色，长圆形，比萼片长 1/3~1/2，基部稍狭，顶端 2 浅裂至 1/4 处；花柱 5，线形。蒴果长圆形，10 齿裂；种子褐色，扁圆形，具疣状凸起。花期 7~8 月，果期 8~9 月。

产宁夏贺兰山，生于海拔 2800~3200m 的高山草甸。分布于甘肃、青海、新疆和云南。

8. 繁缕属　*Stellaria* L.

（1）二柱繁缕 *Stellaria bistyla* Y. Z. Zhao

多年生草本。茎二歧或单歧分枝。叶椭圆形。二歧聚伞花序生茎顶，具多花；苞片与叶同形；萼片长倒卵形；花瓣白色，宽倒卵形，顶端浅 2 裂，雄蕊 10；子房倒卵形，1 室，花柱 2。蒴果倒卵形，顶端 4 齿裂。花果期 6~9 月。

产宁夏贺兰山，生于海拔 2000~2800m 左右的林间草地或山谷岩石缝中。分布于内蒙古自治区。

（2）短瓣繁缕 *Stellaria brachypetala* Bge.

多年生草本。茎直立。叶无柄，叶片卵状披针形至披针形。聚伞花序具花 1~3 朵，有时 6~10 朵；苞片草质，边缘膜质；萼片 5，卵状披针形，顶端渐尖，边缘膜质；花瓣 5，短于萼片，白色，2 深裂、裂片线形；雄蕊 10，花丝短；子房卵形，具 3 花柱。蒴果卵圆形；种子卵圆形，表面具皱纹状凸起。花期 6~8 月。果期 8~9 月。

产宁夏贺兰山大口子沟，生于海拔 1700~2900m 左右的山地。分布于内蒙古、新疆、青海和甘肃。

（3）**银柴胡** *Stellaria dichotoma* L. var. *lanceolata* Bge.

多年生草本。主根粗长，圆柱形。茎丛生，由基部开始多次二歧式分枝。叶卵形，先端尖，基部圆形。二歧聚伞花序顶生；苞片小，叶状，叶线状披针形、披针形或长圆状披针形，先端渐尖；花梗纤细；萼片披针形；花瓣白色，近椭圆形，2裂达中部；雄蕊10，长短不等；子房宽倒卵形，花柱3。蒴果宽椭圆形，包于宿存花萼内，含1粒种子。种子宽卵形，表面有疣状突起。花期6~7月，果期8月。

产宁夏贺兰山及银川以北地区，多生于固定或半固定沙丘、干旱石质山坡及半荒漠草原。分布于黑龙江、辽宁、内蒙古、河北、甘肃、青海和新疆。

（4）**翻白繁缕** *Stellaria discolor* Turcz.

多年生草本。全株无毛。茎纤细，四棱形。叶披针形，先端渐尖，基部渐狭，全缘，具狭的不透明膜质边。二歧聚伞花序腋生或顶生；总花梗细长，无毛；苞片及小苞片膜质，披针形；萼片披针形，先端长渐尖，边缘宽膜质，具3条脉，无毛；花瓣白色，稍短于花萼或近等长；雄蕊10，较花瓣短；子房宽卵形，花柱3，线形。花期6~7月。

产宁夏六盘山，生于海拔2300m左右的山坡林缘或林下。分布于黑龙江、吉林、辽宁、内蒙古、河北和陕西。

（5）**繁缕** *Stellaria media* **(L.) Villars**

一年生或二年生草本。茎多从基部分枝，具1列纵向短柔毛。叶卵形，先端渐尖，基部圆楔形，全缘；植株中部以下的叶具长柄。花单生叶腋或呈顶生疏散的聚伞花序；花梗具1列纵生短柔毛；萼片5，披针形，边缘膜质，被柔毛；花瓣5，白色，短于萼片，2深裂达近基部；雄蕊5，短于花瓣；子房卵形，花柱3。蒴果卵形，顶端6裂。花果期7~9月。

产宁夏六盘山，生于海拔2100m左右的山坡草地、路边湿地。分布于南北各地。

（6）**腺毛繁缕** *Stellaria nemorum* **L.**

多年生草本。具分节腺毛。茎柔弱。叶基部的最小，卵形，具柄，腹面具沟槽，被节状腺毛，中部叶最大，叶片卵状长圆形，全缘；叶柄具狭翅，被节状腺毛；上部叶较小。花单生叶腋或成顶生疏散的聚伞花序；苞及小苞叶状，背面疏被节状腺毛，边缘具节状腺毛；花萼5，卵状披针形，背面被腺毛；花瓣5，深裂达基部，白色，与花萼近等长；雄蕊10个，短于花瓣；子房卵圆形，1室，含数个胚珠，花柱3，线形。花期5月。

产宁夏六盘山，生于海拔2300m左右的山坡针阔叶混交林下。分布于山西和甘肃。

（7）**伞花繁缕** *Stellaria umbellata* **Turcz.**

多年生草本。茎单生，叉式分枝。叶椭圆状披针形，基部和上部叶较小，先端急尖，基部渐狭。伞状聚伞花序顶生；苞片 3~5，膜质，卵形；花梗细弱；萼片 5，披针形，先端锐尖，边缘膜质；无花瓣；雄蕊 10，短于萼片；子房长圆状卵形，花柱 3，线形。蒴果先端 6 齿裂。种子肾形，具皱纹。花期 6 月，果期 7 月。

产宁夏六盘山，生于海拔 2000m 左右的山坡林缘或山谷水沟边。分布于河北、山西、陕西、西藏、甘肃、四川、青海和新疆。

9. 蝇子草属 *Silene* L.

（1）**女娄菜** *Silene aprica* **Turcx. ex Fisch. et Mey.**

一年生或二年生草本。主根细长，具分枝。茎直立，多单生，密被短柔毛。叶线状披针形，全缘，两面密被短毛。聚伞花序；苞片披针形，被短柔毛，边缘具白色长柔毛；花萼筒形，具 10 条脉纹，被短柔毛，先端 5 齿裂，裂齿披针形，具缘毛；花瓣倒披针形，顶端 2 浅裂，基部渐狭成爪，喉部具 2 鳞片；雄蕊 10；子房卵状长椭圆形，柱头 3。蒴果卵状椭圆形，先端 6 齿裂。种子圆肾形，表面具疣状突起。花期 6~7 月，果期 7~8 月。

产宁夏贺兰山、罗山、六盘山及盐池、隆德等县，多生于山坡草地、田边等处。南北各地均有分布。

（2）狗筋蔓 *Silene baccifera* (L.) Roth

多年生草本。茎铺散，渐向上攀缘，被倒生短毛，分枝对生。叶卵形，先端尖，基部宽楔形，全缘，上面无毛，下面沿脉被短毛，边缘具缘毛；叶柄短。花序聚伞形，下垂；花梗细，被短柔毛；花萼宽钟形，5 裂；花瓣白色，线状匙形，先端 2 裂，基部渐狭成长爪，喉部具 2 小鳞片；雄蕊 10 个，较花瓣短；花柱 3，线形。果实球形，黑色。种子肾形，黑色，有光泽。花期 7~8 月，果期 9~10 月。

产宁夏六盘山，生于山坡灌丛、林缘和草地。分布于辽宁、河北、山西、陕西、甘肃、新疆、江苏、安徽、浙江、福建、台湾、河南、湖北、广西及西南各地。

（3）麦瓶草 *Silene conoidea* L.

一年生草本。全株密被腺毛，茎直立。基生叶匙形，茎生叶长圆形，两面被腺毛，边缘具缘毛。聚伞花序顶生；萼筒圆锥形，外面密被腺毛，果时基部膨大呈圆形，顶端 5 裂，裂片披针形，先端尖，边缘膜质；花瓣倒卵形，粉红色或淡紫红色，顶端全缘、微具细齿或微凹，基部成爪，爪具耳，爪与瓣片相接处具 2 小鳞片；雄蕊 10 个；子房长卵形，花柱 3。蒴果卵圆形，先端 6 齿裂。种子肾形，红褐色，具疣状突起。花期 5~6 月，果期 6~7 月。

宁夏全区普遍分布，多生于麦田中或低山丘陵地带。分布于黄河流域和长江流域，西至新疆和西藏。

（4）石缝蝇子草 *Silene foliosa* Maxim.

多年生草本。根粗壮，木质。茎直立，丛生，具黏液，被灰色短毛。基生叶花期枯萎；茎生叶线状披针形，基部渐狭抱茎，下面被短毛。圆锥状总状花序，花梗具黏液；苞片短，线状披针形，被短毛；花萼棍棒形，具10脉，果时上部膨大，檐部5裂，裂片三角形，边缘膜质；花瓣5，白色，2深裂，基部渐狭成爪，喉部有2小鳞片；雄蕊10，外露；花柱3。蒴果长卵形，顶端6齿裂；种子肾形，褐色，表面具网眼状沟纹。花果期8~9月。

产宁夏六盘山及固原市原州区，生于海拔2100m左右的林缘、草地和山坡。分布于甘肃、黑龙江、内蒙古、山西和陕西。

（5）鹤草 *Silene fortunei* Vis.

多年生草本。根粗壮，圆锥状。茎直立，丛生。基生叶匙状披针形，茎生叶线状披针形，全缘。聚伞花序顶生，总花梗常分泌黏液；苞片叶状，线形；花梗细；花萼质薄，筒状棍棒形，具10条脉，紫红色，萼齿三角状宽卵形；花瓣淡红色或白色，先端2深裂，裂片再裂为细裂片，基部渐狭成爪，喉部具2鳞片；雄蕊10，与花瓣合生；花柱3。蒴果长圆形，顶端6齿裂。种子具疣状突起。花期8~9月，果期10月。

产宁夏六盘山，生于山坡灌丛、林缘或山谷草地。分布于安徽、福建、甘肃、河北、江西、陕西、山东、山西、四川和台湾。

（6）隐瓣蝇子草 *Silene gonosperma* (Rupr.) Bocquet

多年生草本。根为圆锥形直根。茎丛生，直立，不分枝。基生叶和茎下部叶具长柄，叶片线状倒披针形；茎上部叶线状披针形。花单生枝顶；苞片叶质，线状披针形；花梗密被倒生毛；花萼宽钟形，外具 10 条紫褐色脉纹，先端 5 齿裂，裂齿中脉紫褐色，边缘白色；花瓣倒披针形，先端微 2 裂，基部渐狭成爪，喉部具 2 小鳞片；雄蕊 10；子房椭圆形，花柱 5。蒴果长圆形，10 齿裂。种子多数，褐色，具翅。花期 6 月，果期 7~8 月。

产宁夏贺兰山，生于山坡草地或林缘。分布于甘肃、青海、新疆、西藏、山西和河北等。

（7）喜马拉雅蝇子草 *Silene himalayensis* (Rohrb.) Majumdar

多年生草本。根粗壮。茎纤细，直立，被短柔毛。基生叶叶片狭倒披针形，边缘具缘毛；茎生叶 3~6 对，叶片披针形。总状花序，具 3~7 朵花；花梗密被短柔毛；苞片线状披针形，草质，被毛；花萼卵状钟形，紧贴果实，密被短柔毛和腺毛，纵脉紫色，多少分叉，脉端连合，萼齿三角形，具缘毛；花瓣暗红色，爪楔形，无毛，瓣片浅 2 裂，副花冠片小；雄蕊内藏，花柱内藏。蒴果卵形，短于宿存萼，10 齿裂；种子圆形，压扁，褐色。花期 6~7 月，果期 7~8 月。

产宁夏六盘山和南华山，生于海拔 2000~2400m 的灌丛间或高山草甸。分布于河北、湖北、陕西、四川、云南和西藏等。

（8）山蚂蚱草 *Silene jenisseensis* Willd.

多年生草本。直根粗长，黄褐色。茎直立，密被倒生短毛。基生叶倒披针形，茎生叶线状披针形，全缘，两面无毛。聚伞花序总状，花轮生；苞片卵状披针形，边缘膜质，具缘毛；花萼钟形，无毛，具 10 条脉，萼齿三角形；花瓣白色，先端 2 中裂，基部渐狭成爪，喉部具 2 鳞片；雄蕊 10，与花瓣等长或稍长；子房长卵形，无毛，花柱 3，线形，子房柄被毛。蒴果宽卵形，顶端 6 齿裂。种子肾形，被条状细微突起。花期 7~8 月，果期 8~9 月。

产宁夏贺兰山、须弥山、六盘山及隆德、中卫等县，生于山坡草地。分布于黑龙江、吉林、辽宁、河北、内蒙古和山西。

（9）叉枝蝇子草 *Silene latifolia* Poiret

一、二年生草本。茎直立。下部茎生叶叶片椭圆形，基部渐狭成柄状，上部茎生叶叶片长圆状披针形或披针形，顶端渐尖，具 3 基出脉。花单性，雌雄异株，成二歧聚伞花序；花萼萼齿三角形，顶端渐尖；雄花萼筒状钟形，具 10 条纵脉；雌花萼筒状卵形，果期中部膨大，上部收缩，具 20 条纵脉；雌雄蕊柄极短；花瓣白色，爪露出花萼，楔形，无毛，耳不明显，瓣片轮廓倒卵形，深 2 裂；副花冠片小或不明显；雄蕊不外露；雌花花柱 5。蒴果卵形，10 齿裂；种子肾形，灰褐色。花期 6~7 月，果期 7~8 月。

宁夏部分区域有逸生，生于农田旁或沟渠边。广布欧洲和亚洲。

（10）宁夏蝇子草 *Silene ningxiaensis* C. L. Tang

多年生草本。茎直立，丛生。基生叶丛生，线形，茎生叶疏散，较小。花序总状，苞片卵状披针形，有缘毛；萼筒棍棒形，具 10 条纵脉，花后上部膨大，萼齿三角形；花瓣淡黄色，狭披针形，2 深裂或裂至 2/3，裂片长圆形；雄蕊外露，花柱 3。蒴果卵形，顶端 6 齿裂；种子肾形，灰褐色，表面具网眼状突起。花果期 7~9 月。

产宁夏贺兰山及同心县，生于林缘、石质山坡及砾石沙地。分布于内蒙古和甘肃。

（11）蔓茎蝇子草 *Silene repens* Patr.

多年生草本。根茎细长，茎丛生，被柔毛。叶线形，全缘，两面被短柔毛。聚伞状圆锥花序顶生；苞片叶状，披针形，被短毛；花萼筒形，具 10 条脉，密被短柔毛，萼齿宽卵形，先端钝，边缘宽膜质；花瓣先端 2 裂，基部具长爪，喉部具 2 鳞片，白色、淡黄白色或淡绿白色；雄蕊 10；子房卵圆形，花柱 3。蒴果卵状长圆形。种子圆肾形，黑褐色，表面具线状隆起。

产宁夏贺兰山、罗山、六盘山和南华山，多生于山坡草地、沟谷林缘、田边路旁。分布于甘肃、河北、吉林、内蒙古、陕西、西藏和四川。

（12）石生蝇子草 *Silene tatarinowii* **Regel**

多年生草本。主根圆锥形。茎疏散，具分枝，密被倒生短柔毛。叶披针形，背面被短柔毛。聚伞花序，苞及小苞叶质，披针形，被柔毛；花萼筒状棍棒形，具 10 条脉纹，先端 5 齿裂；花瓣倒卵状矩圆形，比萼筒长出一半，先端 2 裂，两侧各具 1 小裂片，基部渐狭成爪，喉部具 2 小鳞片；雄蕊 10；子房卵状长椭圆形，1 室，花柱 3，线形。蒴果长卵形，顶端 3 齿裂，每个裂齿再 2 裂。种子圆肾形，具疣状突起。花期 6~7 月，果期 7~8 月。

产宁夏贺兰山，生于山坡草地、林缘或石质河滩地。分布于河北、内蒙古、山西、河南、湖北、湖南、陕西、甘肃、四川和贵州。

10. 石头花属 *Gypsophila* **L.**

（1）头状石头花 *Gypsophila capituliflora* **Rupr.**

多年生草本。茎直立，无毛。叶线形，肉质。聚伞花序顶生，密集；苞片披针形，膜质，具缘毛；花萼钟形，萼齿长为萼筒的一半，边缘膜质；花瓣淡紫红色；雄蕊与花瓣近等长；子房卵球形，花柱丝状。蒴果长圆形，稍长于宿存花萼。

产宁夏六盘山及固原市，生于干旱山坡，砾石滩地、路边。分布于内蒙古、甘肃和新疆。

（2）**荒漠石头花 *Gypsophila desertorum* (Bge.) Fenzl**

多年生草本。全株被棕色腺毛。根棕褐色，木质化。茎密丛生，斜升。叶片钻状线形，质硬，锐尖，基部合生，下面中脉凸出，边缘内卷，横切面呈镰刀状弯曲，叶腋常生不育短枝，叶呈假轮生状。二歧聚伞花序；花梗劲直，被腺毛；苞片卵状披针形；花萼钟形，萼齿裂达中部，卵形；花瓣白色，具淡紫色脉纹，倒卵状楔形；雄蕊稍短于花瓣；子房卵球形，花柱 2 枚。蒴果卵球形；种子肾形，深褐色。花期 5~7 月，果期 8 月。

产宁夏贺兰山，生于干燥河床、沙漠干草原或砾石堆。分布于内蒙古和新疆。

（3）**细叶石头花 *Gypsophila licentiana* Hand. -Mazz.**

多年生草本。茎直立，下部无毛，上部及花梗上有疣状突起。叶线形，先端渐尖，基部连合成短鞘。聚伞花序顶生；苞片披针形，先端渐尖，边缘白色，膜质，具缘毛；花萼狭钟形，具绿色或深紫色纵脉纹，先端 5 齿裂，裂深达花萼的 1/3 至 1/2，萼齿卵状披针形；花瓣白色、粉红色或紫红色，倒卵状楔形，比花萼长；花丝线形，不等长；花柱 2，与花瓣等长。蒴果略长于宿存花萼。花期 7~8 月，果期 8~9 月。

产宁夏贺兰山及盐池县，生于干旱山坡。分布于内蒙古、河北、山西、陕西、甘肃、青海和新疆。

（4）紫萼石头花 *Gypsophila patrinii* **Ser.**

多年生草本。全株无毛。根粗壮。茎直立。叶线形，先端急尖，基部连合成短鞘状；基生叶丛生。聚伞花序顶生，花少、疏散，花梗纤细，长于花萼，无毛；苞片披针形，边缘膜质，具缘毛；花萼钟形。萼齿卵形，边缘膜质，疏生缘毛，萼脉宽，绿色或带紫色，脉间淡紫色；花瓣倒卵形，紫红色，长为花萼的1~3倍，顶端微凹，基部楔形；花丝扁线形，较花瓣短；子房卵球形。蒴果卵球形，顶端4裂。花期6~9月，果期7~10月。

产宁夏固原市，生于山坡、草地、路边。分布于甘肃、青海和新疆。

11. 王不留行属　*Vaccaria* Wolf

麦蓝菜 *Vaccaria hispanica* (Mill.) Rausch.

一年生草本。茎直立。叶无柄，卵状披针形至披针形，先端渐尖，基部圆形或近心形，微抱茎，全缘。伞房状聚伞花序顶生；萼卵圆形，具5条狭翅状绿色脉棱，先端5齿裂，裂齿三角形，先端锐尖，边缘宽膜质；花瓣淡红色，狭倒卵形，先端具不整齐的齿裂；雄蕊10；子房长卵圆形，花柱2，线形。蒴果卵形。种子球形，黑色，表面具疣状突起。花期5~6月，果期6~7月。

原产欧洲。为麦田常见杂草。分布于东北、华北、华东、西北以及河南、四川、云南等。

12. 石竹属　*Dianthus* L.

（1）石竹 *Dianthus chinensis* L.

多年生草本。茎丛生。叶线形，基部渐狭成短鞘且合生抱茎，全缘。花单生茎顶或 2~3 朵集成疏散的聚伞花序；花萼圆筒形，顶端 5 齿裂；花瓣绛紫色，倒狭三角形，先端具不规则的齿裂，基部具长爪，喉部具斑纹及疏须毛；雄蕊 10；子房矩圆形，花柱 2。蒴果矩圆状圆筒形，先端 4 齿裂。种子卵形，略扁，边缘具狭翅。花期 6~8 月，果期 7~9 月。

产宁夏六盘山、罗山、南华山、月亮山和固原市，生于向阳山坡草地或灌丛中。分布于甘肃、河北、黑龙江、河南、吉林、辽宁、内蒙古、青海、陕西、山东、山西和新疆。

（2）瞿麦 *Dianthus superbus* L.

多年生草本。茎丛生。叶线形，基部成短鞘状抱茎，全缘。苞片倒卵形，花萼长圆筒形，粉绿色或淡紫红色，具多数脉纹，无毛，顶端 5 裂，裂齿矩圆状披针形；花瓣淡紫红色，先端细裂为流苏状，基部具细长爪，喉部具须毛；雄蕊 10；花柱 2，线形。蒴果狭圆筒形，先端 4 齿裂。种子扁卵形，边缘具翅。花期 7~8 月，果期 8~9 月。

产宁夏六盘山、罗山、南华山及贺兰山，生于山坡草地、林缘、路边、山谷沟边。分布于安徽、甘肃、广西、贵州、河北、黑龙江和河南。

一〇四 苋科 Amaranthaceae

1. 沙蓬属 *Agriophyllum* M. Bieb.

沙蓬 *Agriophyllum squarrosum* (L.) Moq.

一年生草本。茎坚硬，淡绿色，全株密被分枝毛。叶无柄，披针形。花序穗状，花两性，腋生；苞片卵形；花被片膜质；雄蕊 3 个。子房扁圆形，被毛，柱头 2。胞果圆形，除基部外周围有翅，顶部具短喙，果喙深裂为 2 个扁平线状小喙，微向外弯，小喙先端外侧各具 1 小齿突。种子近圆形，光滑，扁平。花果期 8~10 月。

宁夏同心以北地区普遍分布，多生于沙地。分布于甘肃、河北、黑龙江、河南、吉林、辽宁、内蒙古、青海、陕西、山西、西藏、新疆等。

2. 虫实属 *Corispermum* L.

（1）兴安虫实 *Corispermum chinganicum* Iljin

一年生草本。茎直立，圆柱形，由基部分枝。叶线形，先端渐尖具小尖头，基部渐狭，1 脉。穗状花序圆柱形，顶生和侧生；苞片披针形至卵形或宽卵形，先端尖，1~3 脉，边缘宽膜质；花被片 3；雄蕊 5，稍超出花被。果实矩圆状倒卵形，顶端圆，基部心形，背面凸起中央稍扁平，腹面扁平，无毛；果核椭圆形，光亮，常具褐色斑点或无，无翅或具狭翅，全缘，不透明，果喙粗短，喙尖为喙长的 1/3~1/4。花果期 6~8 月。

产宁夏银川以北地区及中卫市及同心等县，多生于沙地及固定沙丘。分布于黑龙江、吉林、辽宁、河北、内蒙古、甘肃等。

（刘冰　拍摄）

（2）烛台虫实 Corispermum candelabrum Iljin

一年生草本。茎直立，粗壮，圆柱形，多由基部分枝，分枝斜升。叶线形至宽线形，先端具小尖头，基部渐狭，1 脉。穗状花序棍棒状，苞片自下而上，由线状披针形至卵形或宽卵形，先尖，1~3 脉，具较宽的膜质边缘，被星状毛；花被片 3；雄蕊 5，较花被长。果实矩圆状倒卵形，背面凸起中央平，具瘤状突起，腹面凹入，被星状毛，翅狭窄，不透明，宽为果核的 1/8~1/10，边缘具不规则的细钝齿；果喙短粗，喙尖为喙长的 1/3~1/2。花果期 7~9 月。

产宁夏同心县，生于砂质地及固定沙丘。分布于辽宁、河北和内蒙古。

（3）绳虫实 Corispermum declinatum Steph. ex Stev.

一年生草本。茎直立，圆柱形，多分枝，下部分枝较长，斜上升，具条棱。叶线形，先端具小尖头，基部楔形，具 1 脉。穗状花序细长，花疏；苞片较狭，线状披针形至狭卵形，渐尖，基部圆楔形，具 1 脉，具白色膜质边；花被片 1，近轴花被片宽椭圆形；雄蕊 1；子房卵形，柱头 2。胞果倒卵状矩圆形，无毛，顶端尖，基部圆楔形，背面隆起，中部扁平，腹面稍凹或扁平，果翅狭或几无。花果期 6~9 月。

产宁夏中卫、同心、青铜峡及平罗等市（县），生于沙地、河滩地或田埂路旁。分布于辽宁、内蒙古、河北、山西、河南、陕西、甘肃和新疆等。

（4）蒙古虫实 *Corispermum mongolicum* Iljin

一年生草本。植株茎直立，圆柱形，被星状毛，基部多分枝。叶线形，先端急尖具小尖头，基部渐狭，疏被星状毛，1脉。穗状花序，苞片线状披针形，具宽的膜质边缘，被星状毛，1脉；花被片1，矩圆形，顶端具不规则的细齿；雄蕊1~5个。果实宽椭圆形，背面隆起，具瘤状突起，腹面凹入，无毛；果喙短，喙尖为喙长的1/2；翅极窄，几近无翅，全缘。花果期7~9月。

产宁夏银川以北地区及同心、青铜峡等市（县），多生于沙质荒地、沙丘或戈壁。分布于内蒙古、甘肃、新疆等。

（5）碟果虫实 *Corispermum patelliforme* Iljin

一年生草本。茎直立，圆柱状，多分枝。叶较大，长椭圆形，先端钝圆具小尖头，基部渐狭，具3脉。穗状花序圆柱状，紧密；上部的苞片卵形，少数下部苞片宽披针形，先端急尖，基部近圆形，边缘膜质，具3脉；花被片3，近轴1个宽卵形，远轴2个较小，三角形；雄蕊5，花丝钻形，与花被片等长。果实近圆形，背面平，腹面凹入，光亮，无毛，果翅向腹面反卷呈碟状。花果期8~9月。

产宁夏中卫市，生于沙丘上。分布于内蒙古、甘肃和青海等。

（6）软毛虫实 *Corispermum puberulum* Iljin

一年生草本。茎直立，粗壮，圆柱形，基部多分枝，具条棱，疏被星状毛。叶线形或披针形，先端具小尖头，基部渐狭，1 脉。穗状花序粗壮，紧密，圆柱形；苞片自下而上由披针形至宽卵形，1~3 脉，具宽的膜质边缘，疏被星状毛；花被片 1~3；雄蕊 1~5，较花被片长。果实宽椭圆形，顶端圆形，基部近心形，背部微凸起，中央扁平，被星状毛，果翅宽，边缘具不规则细齿，果喙直立。花果期 7~9 月。

产宁夏盐池县，多生于沙地。分布于山东、内蒙古和黑龙江。

3. 轴藜属 *Axyris* L.

（1）轴藜 *Axyris amaranthoides* L.

一年生草本。茎直立，粗壮，圆柱形，微具纵条棱，被星状毛。茎生叶披针形，全缘；枝生叶狭披针形。雄花序穗状，花被片 3，狭矩圆形，先端急尖，背面密被星状毛，后渐脱落；雄蕊 3，与花被片对生；雌花无柄，单生叶腋；苞片 3；花被片 3，长倒卵形，膜质，与苞片均密被星状毛。胞果倒卵形，侧扁，顶端具 1 冠状附属物，附属物中央微凹。花果期 8~9 月。

　　产宁夏引黄灌区，多生于荒地、田边、渠沟旁及村庄附近。分布于黑龙江、吉林、辽宁、河北、山西、内蒙古、陕西、甘肃、青海、新疆等。

　　（2）**杂配轴藜** *Axyris hybrida* **L.**

　　一年生草本。茎直立。叶具短柄，叶片狭卵形，全缘，两面密被星状毛。雄花序穗状，花被片 3，膜质，矩圆形，背面密被星状毛，后渐脱落，雄蕊 3，伸出花被外；雌花无梗，通常成聚伞花序生叶腋，苞片披针形，背面密被星状毛，花被片 3，背面密被星状毛。胞果椭圆状倒卵形，顶端具 2 三角状的附属物。花果期 7~8 月。

　　产宁夏贺兰山和六盘山，多生于山坡、路边、田边等处。分布于甘肃、河北、黑龙江、河南、内蒙古、青海、山西、新疆、西藏和云南。

（3）平卧轴藜 *Axyris prostrata* L.

一年生草本。茎平卧或斜升，多分枝，密被星状毛。叶具长柄，叶片长卵形，先端圆具小尖头，基部狭缩至叶柄，全缘，两面被星状毛，后渐脱落。雄花集成头状花序，无苞片，花被片 3~5，膜质，背面密被星状毛，后期脱落；雄蕊 3~5，伸出花被外；雌花着生于苞片柄上，无小苞片，苞片背面密生星状毛，花被片 3，膜质；子房卵形，扁平，花柱短，柱头 2。胞果卵圆形，扁平，两侧面具同心状皱纹，顶端附属物 2，乳头状。花果期 7~8 月。

产宁夏贺兰山及引黄灌区，生于山地林缘及村庄附近。分布于青海、新疆和西藏。

（任飞　拍摄）

4. 驼绒藜属　*Krascheninnikovia* M. Bieb.

（1）华北驼绒藜 *Krascheninnikovia arborescens* (Losina-Losinskaja) Czerepanov

灌木。多在上部分枝。叶较大，柄短；叶片披针形，具明显的羽状叶脉。雄花序细长而柔软。雌花管倒卵形，花管裂片粗短，为管长的 1/4~1/5，先端钝，略向后弯；果时管外中上部具四束长毛，下部具短毛。果实狭倒卵形，被毛。花果期 7~9 月。

产宁夏罗山及南华山，生于干旱山坡。分布于吉林、辽宁、甘肃和四川。

（刘冰　拍摄）（刘冰　拍摄）（刘冰　拍摄）（刘冰　拍摄）

（2）**驼绒藜** *Krascheninnikovia ceratoides* (L.) Gueldenstaedt

灌木。老枝灰黄色，幼枝锈黄色，密生星状毛。叶宽线形，全缘，边缘反卷，主脉1条，两面密被星状毛。雄花序短而紧密，雌花管椭圆形，花管裂片角状，长达花管的1/3，外被4束长毛。胞果直立，被毛，花柱短，柱头2。花期5月，果期6~7月。

产宁夏贺兰山及盐池、同心和中卫等市县，生于干旱山坡、荒漠及半荒漠。分布于新疆、青海、甘肃、内蒙古和西藏。

5. 菠菜属 *Spinacia* L.

菠菜 *Spinacia oleracea* L.

一年生草本。植物高可达1m，无粉。茎直立，中空，脆弱多汁，不分枝或有少数分枝。叶戟形至卵形，全缘或有少数牙齿状裂片。雄花集成球形团伞花序，再于枝和茎的上部排列成有间断的穗状圆锥花序；花被片通常4，花丝丝形，扁平，花药不具附属物；雌花团集于叶腋；小苞片两侧稍扁，顶端残留2小齿，背面通常各具1棘状附属物；子房球形，柱头4或5，外伸。胞果卵形或近圆形。

宁夏普遍栽培。原产伊朗，我国普遍栽培，为极常见的蔬菜之一。

6. 滨藜属　*Atriplex* L.

（1）中亚滨藜 *Atriplex centralasiatica* Iljin

一年生草本。茎直立，密被白粉。叶互生，叶片菱状卵形，基部宽楔形，中部一对齿较大，呈裂片状，上面绿色，下面密被粉粒，银白色。花单性，雌雄同株，团伞花序叶腋生；雄花花被片 5，雄蕊 5，花丝扁平，基部连合；雌花无花被，具 2 苞片，果时增大，菱形，边缘具不等大的三角形牙齿。胞果扁平，宽卵形。种子扁平，棕色。花果期 7~9 月。

产宁夏引黄灌区及盐池、同心等地，多生于潮湿盐碱滩地、渠沟旁、田边及村庄附近。分布于甘肃、河北、吉林、辽宁、内蒙古、青海、山西、西藏和新疆。

（2）野滨藜 *Atriplex fera* (L.) Bunge

一年生草本。茎钝四棱形，具纵条棱，多分枝。叶互生；叶片卵状披针形，基部宽楔形，两面灰绿色。花单性，雌雄同株；团伞花序叶腋生；雄花花被片 4~5，雄蕊与花被片同数；雌花无花被，具 2 苞片，苞片边缘全部合生，果时两面膨胀，卵形，顶端具 3 个短齿，中间 1 个稍尖，两侧 2 个短而钝，表面被粉状膜片，无棘状突起或具 1~3 个位置不规则的棘状突起。胞果扁平，圆形。种子直立，棕色。花果期 7~9 月。

产宁夏盐池、同心等县，生于盐碱草地或路边。分布于甘肃、河北、黑龙江、吉林、内蒙古、青海、陕西、山西和新疆。

（3）榆钱菠菜 *Atriplex hortensis* L.

一年生草本。茎直立，粗壮，四棱形，多分枝。叶片卵状矩圆形至卵状三角形，先端钝，基部戟形至楔形，全缘或具不整齐的锯齿；具柄。花单性，雌雄同株；圆锥状总状花序，顶生或腋生；雄花花被片 5，雄蕊 5；雌花二型，无苞片的雌花花被片 5，具 2 苞片的雌花无花被片；苞片近圆形，彼此离生，包被果实。胞果肾形，果皮薄，与种子紧贴。种子与果实同形。花果期 7~9 月。

宁夏黄灌区栽培供蔬菜用。原产欧洲。

（4）滨藜 *Atriplex patens* (Litv.) Iljin

一年生草本。茎直立。叶互生，叶片披针形，全缘或边缘具不规则的弯锯齿。花单性，雌雄同株；花序穗状；雄花花被片 4~5，雄蕊与花被片同数；雌花无花被，具 2 苞片，边缘中部以下合生，果时菱形至卵状菱形，上半部边缘具细锯齿，表面被粉粒，有时靠上部具疣状小突起。种子扁平，黑色或红褐色，具细点纹。果果期 8~10 月。

产宁夏引黄灌区，多生于盐碱地或沙土上。分布于甘肃、河北、黑龙江、吉林、辽宁、内蒙古、青海、陕西和新疆。

（5）西伯利亚滨藜 *Atriplex sibirica* **L.**

一年生草本。茎直立，钝四棱形，被白粉。叶互生，具短柄；叶片菱状卵形，边缘具不整齐的波状钝牙齿，中下部的 1 对齿较大，呈裂片状，上面绿色，下面灰白色，密被粉。花单性，雌雄同株，簇生叶腋，在茎上部集成穗状花序；雄花花被片 5，宽卵形，雄蕊 5；雌花无花被，具 2 苞片，苞片连合成筒状，果时增大，表面具多数不规则的棘状突起。胞果扁平，卵形。花果期 6~9 月。

宁夏全区普遍分布，多生于盐碱荒地、沟渠旁、池沼边及固定沙丘。分布于黑龙江、吉林、辽宁、内蒙古、河北、陕西、甘肃、青海和新疆。

7. 腺毛藜属　*Dysphania* R. Br.

（1）刺藜 *Dysphania aristata* **(L.) Mosyakin & Clemants**

一年生草本。无粉，秋后成紫红色；茎直立，具纵条棱，多分枝。叶线形，全缘，无毛，具 1 条脉。复二歧式聚伞花序，枝先端具芒刺；花两性，几无梗，单生芒刺枝腋内；花被片 5，倒卵状椭圆形；雄蕊 5，子房上下扁，花柱 2。胞果圆形，上下扁，果皮透明，与种子贴生。种子横生，黑褐色，光滑；胚环形。花果期 6~9 月。

产宁夏贺兰山、罗山及银川以北地区，盐池、中卫、同心等市（县），多生于山坡、沙地、路边。分布于河北、黑龙江、河南、吉林、内蒙古、青海、陕西、山东、山西、四川、新疆等。

（2）**菊叶香藜** *Dysphania schraderiana* **(Roemer & Schultes) Mosyakin & Clemants**

一年生草本。茎直立，被腺体及具节的毛。叶互生，具柄；叶片矩圆形，基部楔形，边缘羽状浅裂至深裂，两面被毛及颗粒状腺体，尤以背面沿脉较密。复二歧聚伞花序叶腋生；花两性，花被片5，卵状披针形，具狭膜质边缘，背面被腺体及刺状突起；雄蕊5，花丝扁平。胞果扁球形，不完全包被于花被内。种子横生，双凸镜状，有光泽；胚马蹄形。花果期7~9月。

产宁夏贺兰山、六盘山及南华山，多生于山坡草地、村庄附近及干河床。分布于辽宁、内蒙古、山西、陕西、甘肃、青海、四川、云南和西藏。

8. 藜属 *Chenopodium* L.

（1）**尖头叶藜** *Chenopodium acuminatum* **Willd.**

一年生草本。茎直立具纵条棱及绿色色条，多分枝，被粉。叶片宽卵形，基部宽楔形，全缘，具半透明的狭环边，上面绿色，无粉，下面灰白色，密被粉，后渐少。花两性，花序轴被透明粗毛；花被片5，卵状长圆形，边缘膜质，被粉粒，果时包被果实，背部增厚呈五角星状；雄蕊5。胞果扁球形。种子横生，黑色，有光泽。花果期6~9月。

产宁夏贺兰山、盐池及灵武市，生于山坡路边、林缘草地、田边、河岸。分布于黑龙江、吉林、辽宁、内蒙古、河北、山东、浙江、河南、山西、陕西、甘肃、青海和新疆。

（2）藜 *Chenopodium album* L.

一年生草本。茎粗壮，具纵条棱及紫红色色条。叶片卵形，边缘具不规则的波状齿或上部叶全缘，上面无粉，背面灰白色或带紫红色，被粉。花两性，数朵簇生，排列成顶生和腋生的穗状花序；花被片5，宽卵形，被粉；雄蕊5，伸出花被外；柱头2。胞果包于花被内。种子上下扁，圆形，黑色，表面具浅沟纹。花果期6~8月。

宁夏全区普遍分布，为常见田间杂草，多生于农田、荒地和路边。我国各地均产。

（3）小藜 *Chenopodium ficifolium* Smith

一年生草本。叶互生，具柄；叶片卵状矩圆形，3浅裂，中裂片长，两侧边缘近平行，先端圆钝，基部楔形，边缘具不规则的波状齿牙，侧裂片位于近基部，全缘或具2浅裂齿，上面无粉，下面稍被粉。花两性，花被片5，宽卵形，背部绿色，边缘膜质，被粉；雄蕊5，开花时伸出；柱头2，丝形。胞果包被在花被内，果皮膜质。种子圆形，上下扁，双凸镜状，黑色；胚环形。花果期6~8月。

宁夏全区普遍分布，为常见田间杂草，多生于农田、路旁、荒地及村庄附近。我国除西藏外都有分布。

（4）**灰绿藜** *Chenopodium glaucum* L.

一年生草本。茎具纵条棱及绿色或紫红色色条。叶矩圆状卵形，边缘具缺刻状牙齿，上面无粉，背面密被粉，呈灰白色，中脉明显，黄绿色。花两性兼有雌性，花被片背面绿色，边缘膜质，内曲，无毛；雄蕊1~2，花丝不伸出花被外；柱头2，极短。胞果顶端露出花被外，果皮膜质，黄白色。种子横生，扁球形。花果期5~10月。

宁夏全区普遍分布，生于田边、路旁、荒地、村庄附近，为常见田间杂草。除台湾、福建、江西、广东、广西、贵州、云南外，其他各地均有分布。

（5）**杂配藜** *Chenopodium hybridum* L.

一年生草本。茎粗壮具纵条棱。叶片三角状卵形，质薄，先端渐尖，基部楔形，边缘不规则浅裂，裂片2~3对，两面无粉。花两性兼有雌性，数花簇生，排列成顶生和腋生的圆锥花序；花被片5，狭卵形，先端钝，背面具纵隆脊，被粉，边缘膜质；雄蕊5，超出花被片。胞果双凸镜状，果皮膜质，具白色斑点。种子横生，黑色；胚环形。花果期6~7月。

产宁夏贺兰山、罗山及固原市原州区，多生于林缘、灌丛及村庄附近。分布于黑龙江、吉林、辽宁、内蒙古、河北、浙江、山西、陕西、甘肃、四川、云南、青海、西藏和新疆。

（6）小白藜 *Chenopodium iljinii* Golosk.

一年生草本。全株被粉。叶片三角状卵形，基部宽楔形，3 浅裂，侧裂片在基部，或全缘，上面疏被白粉或无粉，背面密被白粉。花簇生于枝顶及叶腋的小枝上集成短穗状花序；花被片 5，宽卵形，背面密被粉；雄蕊 5，花丝超出花被外；子房扁球形，柱头 2。胞果上下扁，包于花被内。种子双凸镜形，有时为扁卵形，黑色，有光泽；胚环形。花果期 7~8 月。

宁夏全区普遍分布，生于河谷阶地、山坡及较干旱的草地。分布于甘肃、四川、青海和新疆。

（7）平卧藜 *Chenopodium karoi* (Murr) Aellen

一年生草本。茎平卧或斜升。叶片卵形；通常 3 浅裂，上面无粉或稍有粉，下面厚被粉，具离基 3 出脉，具短尖头，基部宽楔形。花数朵簇生，在小枝上排列成短于叶的腋生圆锥花序；花被片 5，卵形，边缘黄色膜质，果时常闭合；雄蕊与花被片同数，开花时花药外露；柱头 2，丝状。胞果近圆形；种子横生，双凸镜状，黑色，有光泽，表面具蜂窝状洼点。花果期 8~9 月。

产宁夏贺兰山，生于海拔 1400~1960m 的山地、荒地、畜圈等处。分布于内蒙古、甘肃、四川、青海、新疆、西藏等。

（8）红叶藜 *Chenopodium rubrum* L.

一年生草本。茎直立或斜升，淡绿色或带红色，具条棱但无明显的色条。叶片卵形至菱状卵形，肉质，两面均为浅绿色或有时带红色，下面稍有粉，先端渐尖，基部楔形，边缘锯齿状浅裂，有时不裂；裂齿 3~5 对，三角形，不等大，通常稍向上弯，先端微钝；叶柄长约为叶片长度的 1/3~1/5。花两性兼有雌性，数个团集，于分枝上排列成穗状圆锥花序；花被裂片 3~4，较少为 5，倒卵形，绿色，腹面凹，背面中央稍肥厚，无粉或稍有粉，果时无变化；柱头 2，极短。种子稍扁，球形或宽卵形。花果期 8~10 月。

产宁夏引黄灌区，生于路旁、田边及轻度盐碱地。分布于黑龙江、内蒙古、甘肃和新疆。

（9）东亚市藜 *Chenopodium urbicum* L. subsp. *sinicum* Kung et G. L. Chu

一年生草本。茎直立，具纵条棱，光滑或少被白粉，具分枝。叶菱状卵形，先端渐尖，基部楔形，边缘具不规则的粗锯齿，基部 1 对锯齿大，呈裂片状，两面近同色。花两性兼有雌花，数花集成花簇，再排列成顶生和腋生的圆锥花序；花被片 3~5，狭倒卵形，先端钝；雄蕊 5，超出花被；柱头 2，较短。胞果小，近圆形，黑褐色，表面具颗粒状突起。种子横生，表面具点纹。花果期 8~10 月。

产宁夏引黄灌区，多生于田边、路旁及盐碱荒地。分布于黑龙江、吉林、辽宁、河北、山东、江苏、山西、内蒙古、陕西和新疆。

9. 甜菜属　*Beta* L.

甜菜 *Beta vulgaris* L.

二年生草本。根圆锥状至纺锤状，多含水分及糖分。茎直立，少有分枝。基生叶大，多数，具长柄，粗壮；叶片矩圆形，先端钝，基部楔形、截形或浅心形，全缘或呈波状，上面皱缩，下面叶脉隆起，粗壮；茎生叶小，具短柄，叶片卵形至披针形，先端渐尖，基部楔形。花2至数朵簇生叶腋，再集成顶生穗状花序；花被片5，基部合生，基部与子房合生；雄蕊5，着生于具腺的花盘上；子房1室，花柱短，柱头3。胞果下部陷在硬化的花被内，上部稍肉质。种子双凸镜形，红褐色，有光泽，胚环形。花果期6~8月。

宁夏引黄灌区普遍栽培，根为制糖原料。我国普遍栽培，品种众多。

10. 碱蓬属　*Suaeda* Forssk. ex J. F. Gmel.

（1）角果碱蓬 *Suaeda corniculata* (C. A. Mey.) Bunge

一年生草本。无毛。茎粗壮，具红色纵条纹。叶线状半圆柱形，无柄。团伞花序含3~6朵花；花两性兼雌性；花被片5，不等大，果时背面向外延伸成不等大小的角状突起，其中1个发育成长角状；雄蕊5，柱头2，花柱不明显。胞果扁，圆形。种子双凸镜形，黑色有光泽，具清晰点纹。花果期8~9月。

产宁夏银川以北地区及中卫市等地，生于沟渠旁、池沼边及盐碱滩地。分布于甘肃、河北、黑龙江、吉林、辽宁、内蒙古、青海、西藏和新疆。

（2）碱蓬 *Suaeda glauca* (Bunge) Bunge

一年生草本。茎直立，圆柱形。叶狭线状半圆柱形，灰绿色。花两性兼有雌性，两性花花被杯状，黄绿色；雌花花被近球形，花被裂片卵状三角形，先端钝，果时增厚，花被略呈五角星状，干后变黑色；雄蕊 5，花药宽卵形，伸出花被外；柱头 2。胞果包藏于花被内。种子黑色，近圆形，表面具明显点纹。花果期 9~10 月。

宁夏引黄灌区普遍分布，多生于低洼盐碱地、沟渠旁及田边。分布于甘肃、河北、黑龙江、河南、江苏、内蒙古、青海、山东、山西、新疆和浙江。

（3）茄叶碱蓬（阿拉善碱蓬）*Suaeda przewalskii* Bunge

一年生草本。茎平卧，具纵条棱，有腺毛，多由基部分枝。叶倒卵形，肉质，先端钝圆，基部渐狭，近无柄。团伞花序叶腋生，具花 3 朵；花两性兼有雌性，花被片 5，基部合生，肉质，边缘膜质，果时背面基部向外延伸成大小不等的狭横翅；雄蕊 5，花药矩圆形，花丝扁平，不伸出花被外；柱头 2，细小，叉开，花柱极短。胞果包藏于花被内。种子近圆形，黑色，有光泽，表面具浅网纹。果期 8~9 月。

产宁夏银北地区及中卫、盐池等市（县）。分布于内蒙古和甘肃。

（4）平卧碱蓬 *Suaeda prostrata* Pall.

一年生草本。茎基部多分枝。叶线状半圆柱形，先端锐尖或稍钝，基部渐狭。团伞花序具2至数花，生叶腋；花两性，花被半球形，花被片5，基部合生，稍肉质，果时花被不增厚或呈龙骨状增厚，近基部向外延伸出不规则的翅状或舌状突起；雄蕊5，花药近圆形，花丝稍外伸；柱头2，花柱不明显。胞果上下扁。种子近圆形或卵形，黑色。花果期7~10月。

产宁夏中卫、同心等市（县），生于低洼盐碱地。分布于内蒙古、河北、江苏、山西、陕西、甘肃和新疆。

（5）盐地碱蓬 *Suaeda salsa* (L.) Pall.

一年生草本。茎直立，圆柱状。叶线状半圆柱形。团伞花序具3~5朵花，叶腋生；花两性，有时兼有雌性；花被半球形，花被片5，卵形，边缘膜质，基部合生，果时背部隆起，并在基部具三角形；雄蕊5，花药卵形；柱头2，花柱不明显。胞果包藏于花被内，果皮膜质。种子横生，卵形，两面稍扁，黑色，有光泽，表面点纹不清晰。花果期8~10月。

产宁夏引黄灌区，生于低洼盐碱地或沟渠旁、池沼边。分布于甘肃、河北、黑龙江、江苏、吉林、辽宁、内蒙古、青海、陕西、山东、山西、新疆和浙江。

11. 盐爪爪属 *Kalidium* Moq.

（1）尖叶盐爪爪 *Kalidium cuspidatum* (Ung. -Sternb.) Grub.

小灌木。茎自基部分枝，斜升，老枝浅灰黄色，小枝黄绿色。叶片卵形，顶端急尖稍内弯，基部半抱茎，下延。穗状花序侧生于枝条上部。每一鳞片状苞片内着生3朵花。胞果圆形，种子圆形。花果期7~8月。

产宁夏引黄灌区及盐池等县，多生于低洼盐碱地、湖滩地及沟渠边。分布于甘肃、河北、内蒙古、青海、陕西和新疆。

（2）盐爪爪 *Kalidium foliatum* (Pall.) Moq.

小灌木。茎多分枝，枝互生，浅棕褐色。叶圆柱形，基部下延，半抱茎。穗状花序顶生；每一鳞片状苞片内着生3朵花；花被合生，上部扁平成盾状；雄蕊2；子房卵形，柱头2，钻形。胞果圆形，红褐色。种子直立，圆形，密生乳头状小突起。花果期7~8月。

宁夏引黄灌区普遍分布，多生于低洼盐碱地、沟渠旁及池沼边。分布于甘肃、河北、黑龙江、内蒙古、青海和新疆。

（3）细枝盐爪爪 *Kalidium gracile* **Fenzl**

小灌木。老枝灰黄色，无毛，幼枝灰黄绿色。叶互生，肉质，先端钝，紧贴于枝上。穗状花序顶生，每一鳞片状苞内着生 1 朵花；花被合生，顶端具 4 个膜质小齿，上部扁平成盾状；雄蕊 2，伸出花被外；子房卵形，柱头 2，钻形。胞果卵形，果皮膜质，密被乳头状突起。种子卵圆形，两侧压扁，淡红褐色。花果期 7~8 月。

产宁夏引黄灌区及盐池等县，多生于低洼盐碱地、沟渠及池沼边、芨芨草滩。分布于内蒙古和新疆。

12. 盐穗木属　*Halostachys* C. A. Mey.

盐穗木 *Halostachys caspica* **C. A. Mey. ex Schrenk**

灌木。茎直立，多分枝；老枝通常无叶，幼枝肉质，蓝绿色，有关节，具密生小突起。叶鳞片状，对生，基部合生，顶端急尖。穗状花序，交互对生，圆柱形，有柄，以关节与枝相连；花被倒卵形，顶端 3 浅裂，裂片内折；子房卵形；柱头 2，钻形，有小突起。胞果卵形，果皮膜质；种子卵形或矩圆状卵形，红褐色，近平滑。花果期 7~9 月。

产宁夏平罗县，生于盐碱滩地、沼泽地及湖泊湿地。分布于新疆和甘肃。

13. 盐角草属　*Salicornia* L.

盐角草 *Salicornia europaea* L.

一年生草本。茎直立，多分枝；枝灰绿色，肉质。叶鳞片状，对生，先端尖，基部连合成鞘状，边缘膜质。穗状花序具短柄；每3朵花着生于1苞腋内，陷入花序轴内，中间的花较大，位于上部，两侧的花较小，位于下部；花被肉质；雄蕊1~2，伸出花被外；子房卵形，柱头2。胞果卵形，果皮膜质。种子矩圆形，被钩状弯曲毛。花果期6~8月。

产宁夏引黄灌区及同心等地，多生于低洼盐碱地及渠沟旁、池沼边。分布于甘肃、河北、江苏、辽宁、内蒙古、青海、陕西、山东、山西和新疆。

14. 雾冰藜属　*Bassia* All.

雾冰藜 *Bassia dasyphylla* (Fisch. et C. A. Mey.) Kuntze

一年生草本。全株密被长软毛。茎直立，多分枝，开展。叶互生，肉质，线状半圆柱形，先端钝，基部渐狭，密被长柔毛。花单生或2朵簇生叶腋，通常仅1朵发育；花被球状壶形，密被长柔毛，5浅裂，果时花被片背部生5个锥状刺，形成一平展的五角形状；雄蕊5，花丝线形，伸出花被外；子房卵形，花柱短，柱头2，稀3。果实卵形。种子横生，近圆形，光滑。花果期7~9月。

产宁夏同心以北地区普遍分布，多生于砂石质地、半固定沙丘及山前洪积扇上。分布于甘肃、河北、黑龙江、吉林、辽宁、内蒙古、青海、山东、山西、西藏和新疆。

15. 地肤属 *Kochia* Roth

（1）黑翅地肤 *Kochia melanoptera* Bunge

一年生草本。茎直立，多分枝，具棱及色条，被柔毛。叶半圆柱形或圆柱形，急尖或钝头，基部渐狭，几无柄。花两性，常 1~3 朵集生于枝条上部叶腋；花被片 5，基部合生，被短柔毛；果时 3 个花被片背部横生翅，翅具黑色脉纹，另 2 花被片背部形成角状突起；雄蕊 5，花药矩圆形，花丝外伸；柱头 2。胞果扁球形，包于宿存的花被内。花果期 7~10 月。

产宁夏贺兰山、石嘴山、中卫、银川、盐池、同心、灵武等市（县），生于山坡、荒地、沙地。分布于甘肃、青海和新疆。

（2）木地肤 *Kochia prostrata* (L.) Schrad.

半灌木。根粗壮，木质。茎短，呈丛生状，枝被白色柔毛。叶于短枝上簇生，狭线形。花两性和雌性，花无梗，不具苞；花被片 5，密生柔毛，果时革质且在背面横生翅，翅干膜质，菱形，边缘具不规则的纯齿，具多数暗褐色扇状脉纹；雄蕊 5，花丝线形；花柱短，柱头 2，具羽毛状突起。胞果扁球形，果皮近膜质，紫褐色。种子近圆形，黑褐色。花果期 6~9 月。

产宁夏须弥山、中卫、青铜峡、同心等市（县），生于山坡、山沟、砾石砂地。分布于甘肃、河北、黑龙江、辽宁、内蒙古、陕西、山西、西藏和新疆。

（3）地肤 *Kochia scoparia* (L.) Schard.

一年生草本。茎直立，淡绿色或带红色。叶互生，披针形，先端渐尖，基部渐狭成柄，具 3 条脉，边缘具白色长缘毛。花单生或 2 朵生叶腋，于枝上排列成稀疏的穗状花序；花被片 5，基部合生，黄绿色，背面近先端处有绿色隆脊及横生龙骨状突起，果时龙骨状突起发育成横生短翅。胞果扁球形，果皮膜质。种子卵形，黑褐色。花期 6~9 月，果期 8~10 月。

宁夏全区普遍分布，生于田边、荒地、路边及村庄附近。全国各地普遍分布。

（4）碱地肤 *Kochia scoparia* (L.) Schrad. var. *sieversiana* (Pall.) Ulbr.ex Aschers.et Graebn.

本变种与原变种的区别在于，花下有较密的束生锈色柔毛。

宁夏全区普遍分布，多生于山沟湿地、田边、路旁、沟渠边及村庄附近。分布于黑龙江、吉林、辽宁、内蒙古、河北、山西、陕西、甘肃、青海、新疆等。

（5）扫帚菜 *Kochia scoparia* (L.) Schrad. f. *trichophylla* (Hort.) Schinz. et Thell.

本变型与正种的主要区别在于分枝多而密，使整个植株呈卵圆球形；叶较狭。

宁夏普遍栽培。分布于黑龙江、吉林、辽宁、内蒙古、河北、山西、陕西、甘肃、青海、新疆等。

16. 合头草属　*Sympegma* Bge.

合头草（黑柴）*Sympegma regelii* Bunge

矮小灌木。茎直立，老枝多分枝，灰褐色，常条状剥裂。叶互生，圆柱形，肉质。花两性，花簇下具 1 对苞状叶，基部合生；花被片 5，草质，具膜质边缘，果时变硬且自背面近顶端横生翅，大小不等，黄褐色，具纵脉纹；雄蕊 5；柱头 2。胞果侧扁圆球形，果皮淡黄色。花果期 6~8 月。

产宁夏贺兰山及中卫、青铜峡、盐池、中宁等市（县），多生于干旱山坡、石质荒漠等处。分布于新疆、青海、甘肃、内蒙古等。

17. 猪毛菜属 *Salsola* L.

（1）木本猪毛菜 *Salsola arbuscula* Pall.

小灌木。枝条开展，老枝淡灰褐色，小枝乳白色。叶互生，老枝上的叶簇生于短枝的顶部，叶片半圆柱形，淡绿色。花序穗状；小苞片卵形，顶端尖，基部的边缘为膜质，花被片矩圆形，顶端有小凸尖，背部有 1 条明显的中脉，果时自背面中下部生翅；花被片在翅以上部分，向中央聚集，包覆果实，上部膜质，稍反折，成莲座状；花药附属物狭披针形，顶端急尖；柱头钻状。种子横生。花期 7~8 月，果期 9~10 月。

宁夏中卫和盐池等市（县）有分布。分布于新疆、甘肃和内蒙古。

（汤睿 拍摄）

（2）猪毛菜 *Salsola collina* Pall.

一年生草本。叶互生，线状圆柱形。花两性，在各枝顶端成穗状花序；苞片较叶短，卵状长圆形，具刺尖，边缘干膜质，小苞片 2，狭披针形，具刺尖；花被片 5，锥形，直立，背面上部生有不等形短翅，翅以上的花被片膜质，集中在中央；雄蕊 5，柱头 2 裂，线形。胞果宽倒卵形，顶端截形。花期 7~9 月，果期 8~10 月。

宁夏全区普遍分布，多生于田边、路旁及盐碱荒地。分布于东北、华北、西北、西南及西藏、河南、山东、江苏等。

（3）蒙古猪毛菜 *Salsola ikonnikovii* **Iljin**

一年生草本。茎由基部分枝，茎和枝具白色条纹，沿条纹疏生短硬毛。叶互生，半圆柱形，扩展处边缘干膜质。花序穗状，花单生苞腋；苞片长卵形，先端具刺尖，小苞片长卵形，先端具刺尖，果时苞片及小苞片均向下反折；花被片 5，果时背面中部横生翅，膜质，3 个较大，肾形，另 2 个不发达，锥形；雄蕊 5，花药顶端具点状附属物；柱头 2 裂，与花柱近等长。胞果倒卵形，种子横生，胚螺旋形。花期 7~8 月，果期 8~9 月。

产宁夏盐池、灵武、中卫、同心等地有分布，生于沙丘或沙地。分布于内蒙古。

（4）珍珠猪毛菜 *Salsola passerina* **Bunge**

半灌木。植株密生丁字毛；根粗壮，木质；老枝灰黄色。叶片锥形，先端渐尖，基部扩展，背面隆起，密被丁字毛。花序穗状，顶生；苞片卵形，肉质，被丁字毛，小苞片宽卵形，长于花被；花被片 5，长卵形，果时背面中部横生翅，翅黄褐色；雄蕊 5，柱头锥形。胞果扁球形。种子横生。花果期 6~10 月。

产宁夏银北地区及中卫、同心、灵武、盐池等市（县），多生于干旱山坡及石质滩地。分布于内蒙古、甘肃和青海。

（5）刺沙蓬 *Salsola tragus* L.

一年生草本。茎直立，多自基部分枝，被短糙硬毛。叶互生，圆柱形，肉质，先端具白色硬刺尖。花序穗状，顶生；苞片长卵形，先端具刺尖，基部边缘膜质，小苞片卵形，先端具刺尖；花被片5，长卵形，膜质，果时背面中部生翅；雄蕊5，花药矩圆形，顶端无附属物；柱头2裂，丝状，长为花柱的3~4倍。胞果倒卵形，果皮膜质。种子横生，胚螺旋形。花期7~9月，果期9~10月。

产宁夏银北地区及中卫、青铜峡、灵武、盐池、同心等市（县），多生于干旱山坡、石质荒漠及砂质地。分布于甘肃、河北、黑龙江、江苏、吉林、辽宁、内蒙古、青海、陕西、山东、山西、西藏和新疆。

（6）松叶猪毛菜 *Salsola laricifolia* Turcz. ex Litv.

小灌木。多分枝，老枝黑褐色，有浅裂纹，嫩枝乳白色，有光泽。叶互生，老枝上叶簇生于短枝顶端，线形，肥厚，黄绿色。穗状花序，花单生于苞腋，苞片叶状，线形，小苞片宽卵形；花被片5，长卵形，果时自背面中下部生横翅，翅黄褐色；雄蕊5，花药矩圆形，顶端具附属物；柱头钻形。花果期5~9月。

产宁夏盐池和中卫等市（县），生于干旱山坡及石质荒漠。分布于新疆、甘肃和内蒙古。

18. 梭梭属 *Haloxylon* Bge.

梭梭 *Haloxylon ammodendron*（C. A. Mey.）Bge.

小乔木或灌木。树皮灰白色，老枝灰褐色，具环状裂隙；幼枝细长。叶鳞片状，宽三角形，稍开展，先端钝，叶腋具棉毛。花着生于二年生枝条的侧生短枝上；小苞片宽卵形，内凹，与花被近等长，边缘膜质；花被片矩圆形，先端钝，果时背面先端 1/3 处生横生翅，翅肾形，基部心形；花被片在翅以上的部分稍内曲。胞果黄褐色，果皮不与种子贴生。花期 6~7 月，果期 8~9 月。

宁夏中卫市沙坡头有分布，生于半固定的沙丘上。分布于新疆、青海、甘肃和内蒙古。

19. 盐生草属 *Halogeton* C. A. Mey.

白茎盐生草 *Halogeton arachnoideus* Moq.

一年生草本。枝灰白色，幼时被蛛丝状毛，后脱落。叶肉质，圆柱形，叶腋簇生柔毛。花杂性，小苞片 2，宽卵形，肉质；花被片 5，宽披针形，果时背面近顶部横生膜质翅，半圆形，大小近相等；雄花无花被，雄蕊 5，花丝线形，花药矩圆形；子房卵形，花柱短，柱头 2。胞果近圆形，背腹扁。种子圆形；胚螺旋形，花果期 7~8 月。

产宁夏贺兰山及引黄灌区，多生于山坡、砂石质地及河滩地。分布于山西、陕西、内蒙古、甘肃、青海和新疆。

20. 假木贼属　*Anabasis* L.

短叶假木贼 *Anabasis brevifolia* C. A. Mey.

半灌木。主根粗壮，黑褐色。茎由基部主干上分出多数枝条，灰褐色；当年生枝淡绿色，具4~8节间，下部节间圆柱形，上部节间具棱。叶线形，半圆柱状，先端具短刺尖，基部合生成鞘状；近基部的叶较短，宽三角形，贴伏枝上。花两性，1~3朵生叶腋；小苞片2，卵形；花被5片，卵形，先端钝，果时背面具横生翅，翅膜质，淡黄色，外轮3个花被片的翅肾形，内轮2个花被片的翅较狭小，圆形。胞果卵形，黄褐色。花期7~8月，果期9月。

产宁夏贺兰山、中卫及青铜峡等市，生于石质山坡或石质滩地。分布于新疆、甘肃和内蒙古。

21. 青葙属　*Celosia* L.

鸡冠花 *Celosia cristata* L.

一年生草本。茎直立，绿色或紫红色，无毛。叶卵形或卵状披针形，先端渐尖，基部渐狭，全缘，两面无毛。花序顶生，呈鸡冠状，中部以下多花，紫红色。花两性；花被片5；雄蕊5，花丝下部结合成杯状。胞果卵形，盖裂，含多数种子。

宁夏多庭园栽培供观赏。我国南北各地均有栽培，广布于温暖地区。

22. 苋属　*Amaranthus* L.

（1）尾穗苋 *Amaranthus caudatus* L.

一年生草本。茎直立。叶片菱状卵形或菱状披针形，顶端短渐尖或圆钝，具凸尖，基部宽楔形，稍不对称，全缘或波状缘，绿色或红色。穗状圆锥花序顶生，下垂，有多数分枝，中央分枝特长，花密集成雌花和雄花混生的花簇；苞片及小苞片披针形，红色，透明，顶端尾尖，边缘有疏齿，背面有 1 中脉；花被片红色，透明，顶端具凸尖，边缘互压，有 1 中脉，雄花的花被片矩圆形，雌花的花被片矩圆状披针形；雄蕊稍超出；柱头 3。胞果近球形。种子近球形。花期 7~8 月，果期 9~10 月。

宁夏各地有栽培。原产热带，我国各地栽培。

（2）千穗谷 *Amaranthus hypochondriacus* L.

一年生草本。茎直立，绿色或紫红色，具纵条棱，具分枝。叶互生，叶片菱状卵形，先端渐尖，基部楔形，下面沿脉被颗粒状腺体；叶柄腹面具沟槽。圆锥花序顶生，直立，由多数圆柱状的穗状花序组成；苞片及小苞片卵状钻形，绿色或紫红色，长为花被片的 2 倍或稍短，背面中脉隆起；花被片 5，矩圆形，先端尖，绿色或紫红色；柱头 2~4。胞果近菱状卵形，绿色或紫红色，环状盖裂。种子扁球形，白色。花果期 8~9 月。

宁夏普遍栽培供观赏。内蒙古、河北、四川、云南等地栽培供观赏。

（3）凹头苋 *Amaranthus lividus* L.

一年生草本。全株无毛。茎直立或斜升，淡绿色或紫红色，多由基部分枝。叶卵形或菱状卵形，顶端钝，具凹缺和小刺尖，基部楔形，全缘；叶柄通常与叶片等长。花簇生叶腋，枝端者集成穗状花序或圆锥花序；苞片及小苞片短；花被片 3，狭长椭圆形，先端钝具小尖；雄蕊 3，稍短于花被片；花柱 3。胞果扁卵形，不裂，具皱纹，超出宿存花被片。花果期 7~9 月。

产宁夏引黄灌区，多生于田间、路旁及村庄附近。分布于安徽、福建、甘肃、广东、广西、贵州、海南、河北和黑龙江。

（4）反枝苋 *Amaranthus retroflexus* L.

一年生草本。茎直立淡绿色，密被短柔毛。叶卵形，具小刺尖，上面绿色，下面灰绿色，两面被柔毛，下面毛稍密；叶柄腹面具沟槽，被柔毛。圆锥花序密集，小苞片及苞片锥形，边缘膜质，背面有绿色突起；花被片 5，矩圆形，具小刺尖，膜质；雄蕊 5；花柱 3。胞果宽倒卵形，环状盖裂。种子扁球形，黑色，有光泽。花果期 7~9 月。

宁夏全区普遍分布，多生于荒地、田间、路旁，为常见田间杂草。分布于甘肃、河北、黑龙江、吉林、辽宁、内蒙古、陕西、山东、山西、新疆和浙江。

（5）腋花苋 *Amaranthus roxburghianus* H. W. Kung

一年生草本。茎直立，细弱，淡绿色，无毛。叶片菱状卵形，先端钝或微凹，具小突尖，基部楔形；叶柄细弱。花簇生叶腋；苞片及小苞片锥形，背部具隆起的中肋，先端具小刺尖，较花被片短；花被片 3，倒披针形，先端渐尖，具小刺尖；雄蕊 3，较花被短；柱头 3，向外反曲。胞果卵形，环状盖裂。种子近球形，黑棕色，有光泽。花果期 6~9 月。

产宁夏引黄灌区，生于田边、荒地。分布于河北、山西、河南、陕西、甘肃、新疆等。

（刘冰　拍摄）　（刘冰　拍摄）　（刘冰　拍摄）

（6）苋 *Amaranthus tricolor* L.

一年生草本。茎粗壮，绿色或红色，常分枝。叶片卵形、菱状卵形或披针形，绿色或常成红色，紫色或黄色，或部分绿色夹杂其他颜色，顶端圆钝或尖凹，具凸尖，基部楔形，全缘或波状缘，无毛。花簇腋生，直到下部叶，或同时具顶生花簇，成下垂的穗状花序；花簇球形，雄花和雌花混生；苞片及小苞片卵状披针形，透明，顶端有 1 长芒尖，背面具 1 绿色或红色隆起中脉；花被片矩圆形，绿色或黄绿色，顶端有 1 长芒尖，背面具 1 绿色或紫色隆起中脉；雄蕊比花被片长或短。胞果卵状矩圆形。种子近圆形或倒卵形，黑色或黑棕色。花期 5~8 月，果期 7~9 月。

宁夏有栽培。原产印度，全国各地均有栽培。

（7）皱果苋 *Amaranthus viridis* L.

一年生草本。全体无毛；茎直立，有不明显棱角，绿色或带紫色。叶片卵形、卵状矩圆形或卵状椭圆形，顶端尖凹或凹缺，有1芒尖，基部宽楔形或近截形。圆锥花序顶生，有分枝，由穗状花序形成，圆柱形，细长，直立，顶生花穗比侧生者长；苞片及小苞片披针形，顶端具凸尖；花被片矩圆形或宽倒披针形，内曲，顶端急尖，背部有1绿色隆起中脉。胞果扁球形，绿色，不裂，极皱缩，超出花被片。花期6~8月，果期8~10月。

产宁夏引黄灌区，生于田边、荒地。分布于东北、华北、华南、华东及江西、陕西、云南。

一〇五 商陆科 Phytolaccaceae

商陆属 *Phytolacca* L.

（1）商陆 *Phytolacca acinosa* Roxb.

多年生草本。全株无毛。根肥厚，圆锥形，分叉。茎直立，肉质，绿色或带紫红色。叶椭圆形，先端尖，基部楔形，下延，全缘。花两性，总状花序，常与叶对生；总苞片和苞片线状披针形；萼片5，白色，后变粉红色，椭圆形，先端圆；雄蕊8，花药椭圆形，粉红色；心皮8~10个，离生。果实扁球形，黑紫色。花期5~7月，果期8~9月。

宁夏银川市有栽培。除辽宁、吉林、黑龙江、内蒙古、青海、新疆外，均有分布。

（2）垂序商陆（美洲商陆）*Phytolacca americana* L.

多年生草本。根粗壮，肥大，倒圆锥形。茎直立，圆柱形，有时带紫红色。叶片椭圆状卵形或卵状披针形，顶端急尖，基部楔形。总状花序顶生或侧生，花白色，微带红晕；花被片 5，雄蕊、心皮及花柱通常均为 10，心皮合生。果序下垂；浆果扁球形，熟时紫黑色；种子肾圆形。花期 6~8 月，果期 8~10 月。

宁夏石嘴山有栽培或逸生。原产北美，河北、陕西、山东、江苏、浙江、江西、福建、河南、湖北、广东、四川、云南有栽培。

一〇六　紫茉莉科　Nyctaginaceae

紫茉莉属　*Mirabilis* L.

紫茉莉 *Mirabilis jalapa* L.

一年生草本。茎直立，圆柱形，多分枝，节稍膨大。叶片卵形或卵状三角形，顶端渐尖，基部截形或心形，全缘。花常数朵簇生枝端；总苞钟形，5 裂，裂片三角状卵形，果时宿存；花被紫红色、黄色、白色或杂色，高脚碟状，5 浅裂；雄蕊 5；花柱单生，线形，伸出花外，柱头头状。瘦果球形，革质，黑色。花期 6~10 月，果期 8~11 月。

银川市有栽培，为观赏花卉。原产热带美洲。

一〇七 马齿苋科 Portulacaceae

马齿苋属 *Portulaca* L.

（1）大花马齿苋 *Portulaca grandiflora* Hook.

一年生肉质草本。茎平卧或斜升。叶肉质，细圆柱形，先端圆钝；叶柄极短。花单生或数朵簇生枝顶，日开夜合；总苞片 8~9，叶状，轮生；萼片淡黄绿色，卵状三角形，先端急尖，两面无毛；花瓣 5 或重瓣，倒卵形，先端微凹，红色、紫红色、黄色或白色；雄蕊多数；花柱与雄蕊近等长，柱头 6 裂，线形。蒴果盖裂，种子多数。花果期 6~8 月。

宁夏公园、花圃及庭院有栽培。原产巴西，我国各地均有栽培，为观赏花卉。

（2）马齿苋（胖娃娃菜）*Portulaca oleracea* L.

一年生肉质小草本。全体无毛。茎平卧或斜升，淡绿色或带红紫色。叶互生，叶片肥厚多汁，倒卵形，先端圆钝或平截，基部楔形，全缘；叶柄粗短。花小，黄色，3~5 朵簇生枝端；总苞片 4，叶状，近轮生；萼片 2，盔形，左右压扁，先端急尖，背部具翅状隆脊；花瓣 5，倒卵状长圆形，先端微凹；雄蕊通常 8 个；花柱比雄蕊稍长，柱头 4~6 裂，线形。蒴果卵球形，盖裂，具多数种子。花期 6~8 月，果期 7~9 月。

宁夏全区普遍分布，多生于田间、荒地、路边，为习见田间杂草。南北各地均有分布。

一〇八 **绣球科** **Hydrangeaceae**

1. 溲疏属 *Deutzia* Thunb.

光萼溲疏 *Deutzia glabrata* Kom.

落叶灌木。幼枝紫褐色，叶片倒卵形，先端长渐尖，基部楔形，边缘具细锐锯齿，两面无毛或上面有极稀疏的星状毛。花序伞房状；花梗无毛；萼裂片 5，宽卵形；花瓣 5，白色，近圆形；雄蕊 10 个，长者几与花瓣等长；子房下位，花柱 3 个，分离。花期 5~6 月。

产宁夏六盘山，生于林下或灌丛中。分布于黑龙江、吉林、辽宁、山东和河南。

（江建强　拍摄）

2. 山梅花属 *Philadelphus* L.

（1）毛萼山梅花 *Philadelphus dasycalyx* (Rehd.) S. Y. Hu

灌木。枝灰褐色。叶卵形，先端尖，基部宽楔形，边缘具锯齿。总状花序；花梗密被长柔毛；花萼外面密被灰白色长柔毛，萼裂片卵形，先端急尖，疏被毛或无毛；花瓣倒卵形，白色；雄蕊多数；花柱先端稍 4 分裂。蒴果倒卵形。花期 5~6 月，果期 7~9 月。

产宁夏六盘山，生于山坡灌丛、林缘或山地路边。分布于山西、河南、甘肃和陕西。

（2）太平花 *Philadelphus pekinensis* Rupr.

灌木。幼枝棕色，无毛。叶对生，叶片卵形，先端渐尖，基部宽楔形，边缘疏具细锯齿；叶柄疏被长柔毛。总状花序顶生，花序轴及花梗均无毛；萼裂片4，三角状卵形；花瓣4个，白色，倒卵形；雄蕊多数，不等长；花柱1个，顶端4裂。蒴果球状倒圆锥形，萼宿存。花期6月，果期7~8月。

产宁夏六盘山，生于海拔1700~2200m的杂木林下或灌丛。分布于辽宁、河北、江苏、山西、陕西和湖北。

（3）绢毛山梅花 *Philadelphus sericanthus* Koehne

灌木。一年生枝棕色。叶对生，叶片长椭圆形，先端尖；叶柄疏被毛。总状花序顶生，花序轴无毛；花梗疏被毛；苞片线形；萼片4，三角状卵形，外面疏被短伏毛，里面密被短柔毛；花瓣4，倒卵形，白色，外面基部疏被毛；雄蕊多数，不等长；子房下位，花柱1，上部几达1/2为4裂，与雄蕊约等长。花期6月，果期7~8月。

产宁夏六盘山，生于海拔2000~2300m的山坡灌丛中。分布于甘肃、福建、浙江、江西、湖南、湖北、四川、贵州、云南等。

3. 绣球属　*Hydrangea* L.

挂苦绣球 *Hydrangea xanthoneura* Diels

灌木。幼枝粗壮，被疏毛，老枝褐色，无毛。叶倒卵状长圆形，先端急尖，基部宽楔形或近圆形，边缘具锐锯齿；叶柄无毛。大型伞房状聚伞花序顶生；不育花具长梗，萼片 4，宽椭圆形，先端钝，白色，具棕色脉纹；两性花萼片钝三角形，4~5 个；花瓣 4~5 个；雄蕊 10 个；子房半下位，花柱通常 3 个。蒴果近卵形。

产宁夏六盘山，生于海拔 2000~2300m 的杂木林中、林缘或山谷灌丛中。分布于四川、贵州和云南。

一〇九　山茱萸科　Cornaceae

山茱萸属　*Cornus* Opiz

（1）红瑞木 *Cornus alba* L.

灌木。叶对生，纸质，椭圆形，稀卵圆形，先端突尖，基部楔形或阔楔形，边缘全缘或波状反卷，侧脉（4~）5（~6）对，弓形内弯。伞房状聚伞花序顶生，花小，白色或淡黄白色，花萼裂片 4，尖三角形；花瓣 4，卵状椭圆形；雄蕊 4；花柱圆柱形，柱头盘状，宽于花柱。核果长圆形，成熟时乳白色或蓝白色。花期 6~7 月；果期 8~10 月。

宁夏银川市有栽培，分布于黑龙江、吉林、辽宁、内蒙古、河北、陕西、甘肃、青海、山东、江苏、江西等。

（2）沙梾 *Cornus bretschneideri* L. Henry

灌木。叶对生，卵形、卵状椭圆形或长椭圆形，先端渐尖，基部圆形，稀微心形或宽楔形，侧脉 5~6 对；叶柄被短柔毛。伞房状聚伞花序；花白色，花萼密被平伏灰白色短毛，萼齿三角形，稍长于花盘；花瓣披针形，外面疏被平伏短毛；雄蕊长于花瓣；花柱短，圆柱形，被稀疏短毛。核果近球形，蓝黑色，被短丁字毛。花期 6~7 月，果期 7~8 月。

产宁夏六盘山及罗山，生于山坡灌丛中。分布于甘肃、河北、黑龙江、河南、湖北、吉林、辽宁、内蒙古、青海、陕西、山西和四川。

（3）山茱萸 *Cornus officinalis* Sieb. et Zucc.

落叶乔木或灌木。树皮灰褐色。叶对生，纸质，卵状披针形或卵状椭圆形，先端渐尖，基部宽楔形或近于圆形，全缘，上面绿色，无毛，下面浅绿色，稀被白色贴生短柔毛，脉腋密生淡褐色丛毛，中脉在上面明显，下面凸起，近于无毛，侧脉 6~7 对，弓形内弯。伞形花序生于枝侧，有总苞片 4，卵形；花小，两性，先叶开放；花萼裂片 4，阔三角形，与花盘等长或稍长，无毛；花瓣 4，舌状披针形，黄色，向外反卷；雄蕊 4，与花瓣互生，花丝钻形，花药椭圆形，2 室；花盘垫状，无毛；子房下位，花柱圆柱形，柱头截形。核果长椭圆形，红色至紫红色。花期 3~4 月，果期 9~10 月。

宁夏银川市中山公园有引种栽培。分布于山西、陕西、甘肃、山东、江苏、浙江、安徽、江西、河南、湖南等。

（江建强　拍摄）

（4）梾木 *Cornus macrophylla* Wallich

灌木或乔木。叶对生，卵形、卵状椭圆形或椭圆形，先端突尖或渐尖，基部圆形或微心形，稀楔形，侧脉6~8对，弓形弯曲。二歧聚伞花序短圆锥状或伞房状；花白色，花萼密被白色短伏毛，萼齿三角形，稍长于花盘；花瓣披针形，外面疏被微毛；雄蕊长于花瓣，花丝扁平，无毛；花柱短，棍棒状。花期6~7月。

产宁夏六盘山，生于灌丛或杂木林中。分布于陕西、甘肃、山东、江苏、浙江、台湾、河南、湖北、湖南、四川、贵州、云南等。

（5）毛梾 *Cornus walteri* Wangerin

灌木或乔木。叶对生，椭圆形、长椭圆形或狭卵状长椭圆形，先端渐尖，基部楔形或近圆形，侧脉4~6对。伞房状聚伞花序顶生；花白色；花萼密被开展的长柔毛，萼齿三角形，与花盘等长；花瓣舌状披针形，先端钝尖，外面疏被短柔毛；雄蕊稍长于花瓣，花丝无毛；花柱棍棒状，柱头头状。核果球形，黑色。花期6~7月，果实7~8月。

产宁夏六盘山，生于山坡灌丛中。分布于河北、山西、陕西、甘肃、山东、江苏、安徽、浙江、河南、湖北、湖南、四川、贵州、云南等。

一一〇 凤仙花科 Balsaminaceae

凤仙花属 *Impatiens* L.

（1）凤仙花 *Impatiens balsamina* L.

一年生草本。茎直立。单叶互生，披针形或菱状披针形，先端渐尖，基部渐狭，边缘具锐锯齿。花大，粉红色、紫色或白色，单生或数朵簇生叶腋；萼片3，侧生2片宽卵形，中间1片花瓣状，基部延伸成长的距；旗瓣近圆形；翼瓣宽大，2裂，基部裂片近圆形，上部裂片倒心形；花丝先端合生；子房密被柔毛。蒴果纺锤形。花期7~8月，果期8~9月。

宁夏常栽培，作观赏植物或用来染指甲。我国各地庭园广泛栽培，为习见的观赏花卉。

（2）水金凤 *Impatiens noli-tangere* L.

一年生草本。茎直立。单叶互生，卵形、椭圆形或卵状披针形，先端钝，基部楔形或宽楔形，边缘疏，具大的钝齿牙，齿牙先端钝尖，具5~7对侧脉；总花梗腋生，具2~4朵花；花2型，大花黄色或淡黄色，有时具紫色斑点；萼片3，侧生2片为卵形，先端尖，中央萼片花瓣状，具细长距；旗瓣近圆形，背面中肋具龙骨状突起，翼瓣宽大，2裂，下部裂片矩圆形，上部裂片较大，宽斧形；花药先端尖。蒴果圆柱形，无毛。花期7~8月，果期8~9月。

产宁夏六盘山，多生于沟底林缘草地或沟边。分布于黑龙江、吉林、辽宁、内蒙古、河北、河南、山西、陕西、甘肃、浙江、安徽、浙江、山东、湖北、湖南等。

（3）西固凤仙花 *Impatiens notolophora* Maxim.

一年生草本。茎直立。叶互生，有时中部的叶近对生，薄膜质，宽卵形或卵状椭圆形，先端钝或近圆形，基部宽楔形，边缘具粗圆齿。总花梗生于茎枝上部叶腋，具 3~5 朵花，花梗上部具苞片；花黄色；侧生萼片 2，卵状长圆形或近圆形，具小尖头；旗瓣近圆形，翼瓣，唇瓣檐部舟形，基部渐狭成内弯的距；花药顶端钝。蒴果狭纺锤形。花期 7~8 月，果期 8~9 月。

产宁夏六盘山，生于林下阴湿地。分布于四川、河南、陕西和甘肃。

一一一 花荵科 Polemoniaceae

花荵属 *Polemonium* L.

花荵 *Polemonium coeruleum* L.

多年生草本。茎直立，单一。奇数羽状复叶，互生，向上渐短，叶轴具狭翅，具小叶 11~21，小叶卵状披针形至披针形，先端渐尖，基部圆形，全缘。圆锥状聚伞花序顶生；花 萼宽钟形，先端 5 裂，裂片长三角形或卵状披针形，与萼筒等长或稍长；花冠蓝紫色，裂 片 5，倒卵形，先端圆；雄蕊 5；子房球形，花柱细长，柱头 3 裂。蒴果卵形。花期 6~7 月， 果期 8~9 月。

产宁夏六盘山，生于海拔 2100~2300m 的林缘或林下。分布于黑龙江、吉林、辽宁、内 蒙古、新疆和云南。

一一二 报春花科 Primulaceae

1. 点地梅属 *Androsace* L.

（1）阿拉善点地梅 *Androsace alaschanica* Maxim.

多年生垫状植物，呈矮小半灌木状。地上茎多次叉状分枝。叶丛生于分枝顶端，灰绿 色，线状披针形或线状倒披针形，先端渐尖，具软骨质小尖头，基部渐狭，边缘软骨质，全 缘。每一分枝顶端生 1 花，稀 2 花；花萼钟形，5 裂至中部，裂片三角形或三角状披针形， 先端尖；花冠白色，花冠椭圆状圆柱形，喉部具 1 圈附属物，花冠裂片倒卵状椭圆形，先 端圆钝或微凹；雄蕊 5；子房倒三角状圆锥形。蒴果倒三角状圆锥形。花期 6~7 月，果期 7~8 月。

产宁夏贺兰山，生于海拔 2000~2400m 的阴坡石缝。分布于内蒙古、甘肃和青海。

（2）直立点地梅 *Androsace erecta* Maxim.

多年生草本。茎直立，单一或基部分枝。基生叶椭圆形，先端急尖，基部下延，全缘；茎生叶互生，较紧密，椭圆形或卵状椭圆形，先端急尖，具小尖头，基部楔形，全缘，具狭窄的骨质边缘。伞形花序顶生和上部叶腋生，组成聚伞状圆锥花序；花萼钟形，5 裂，裂片三角形，与萼筒近等长，先端尖；花冠淡红色，喉部紧缩，5 裂，裂片倒卵状矩圆形；雄蕊5；子房上位，宽三角状倒卵形，花柱短，长约柱头头状。蒴果卵状椭圆形。花果期6~7 月。

产宁夏罗山、固原市和隆德县，生于林缘、草地、田边或路旁。分布于云南、四川、甘肃、青海、新疆、西藏等。

（3）小点地梅 *Androsace gmelinii* (Gaertn.) Roem. et Schuit.

一年生小草本。叶基生，叶片近圆形或圆肾形，基部心形或深心形，边缘具 7~9 圆齿。花葶柔弱；伞形花序 2~3（5）花；花萼钟状或阔钟状，分裂约达中部，裂片卵形或卵状三角形；花冠白色，与花萼近等长或稍伸出花萼，裂片长圆形。蒴果近球形。花期 5~6 月。

产宁夏南华山，生于林缘、草地或溪流边。分布于甘肃、内蒙古、青海和四川。

（4）长叶点地梅 *Androsace longifolia* Turcz.

多年生矮小草本。叶丛生于分枝顶端。叶外层较短，内层较长，披针形或线状披针形，先端尖，边缘软骨质，具缘毛。伞形花序具 5~8 朵花；花萼钟形，近中裂，裂片三角状披针形，先端尖；花冠白色或粉红色，花冠裂片卵状椭圆形，先端圆钝；子房倒圆锥形。蒴果倒卵圆形。花期 5~6 月，果期 6~7 月。

产宁夏贺兰山，生于海拔 2700m 石质山坡或草地。分布于黑龙江、陕西和内蒙古。

（彭博　拍摄）

（5）**大苞点地梅 Androsace maxima** L.

二年生小草本。叶基生，倒披针形、矩圆状披针形，先端急尖，基部渐狭下延成柄，边缘具齿。花葶 3 至多数；伞形花序具 2~10 朵花；花萼漏斗状，裂片三角状披针形或矩圆状披针形，裂至中部以下，先端锐尖；花冠白色或淡粉红色，花冠筒稍短于花萼，花冠裂片矩圆形，先端圆钝；子房球形，柱头头状。蒴果球形。花期 5 月，果期 6 月。

产宁夏贺兰山、罗山和同心县，生于山坡草地或路边。分布于山西、内蒙古、陕西、甘肃、新疆等。

（6）**西藏点地梅 Androsace mariae** Kanitz

多年生草本。叶丛生分枝顶端。叶片倒卵状披针形、匙形或倒披针形，先端急尖或渐尖，具软骨质小尖头，基部渐狭下延成翅状柄，全缘。花葶 1~2 个，直立。伞形花序具花 2~10 朵；花萼钟形，萼裂片卵形或三角状卵形，先端尖；花冠淡紫红色或白色，花冠筒倒卵状圆柱形，黄色，与花萼等长，喉部具一圈黄色凸起的附属物，花冠裂片三角状宽倒卵形，先端圆或微凹；雄蕊 5；子房宽倒卵形。蒴果倒卵形。

产宁夏贺兰山、香山、罗山、南华山及六盘山，生于山坡草地、林缘或沟谷边。分布于山西、内蒙古、甘肃、青海、四川和西藏。

（7）北点地梅 *Androsace septentrionalis* L.

一年生草本。叶基生，呈莲座状，倒披针形或椭圆状披针形，先端渐尖，基部渐狭或下延成翅状柄，全缘或中部以上具疏锯齿。花葶数个至多数，直立；花萼宽钟形，5 浅裂，裂片狭三角形，先端尖；花冠白色，坛状，花冠筒短于花萼，喉部紧缩，具 5 个与花冠裂片对生的突起，花冠裂片倒卵状椭圆形，先端近全缘。蒴果倒卵状球形。花期 6~7 月，果期7~8 月。

产宁夏贺兰山和罗山，生于山谷灌丛或林缘草地。分布于河北、内蒙古和新疆。

2. 报春花属 *Primula* L.

（1）粉叶报春 *Primula farinosa* L.

多年生草本。叶基生，多数，叶片倒卵状矩圆形或匙形，先端急尖或圆钝，基部渐狭且下延成具翅的柄或无柄，边缘具不规则的细齿牙。花茎 1~2 个。伞形花序 1 轮；花萼筒状钟形，草质，萼裂齿线状矩圆形或三角状披针形；花冠高脚碟状，淡紫红色，黄色，喉部具一圈附属物，花冠裂片倒卵状心形，顶端 2 深裂；雄蕊 5；子房扁球形，柱头头状。花期5~6 月。

产宁夏贺兰山，生于 2300~2500m 灌丛中或湿地草甸。分布于黑龙江、吉林和内蒙古。

（周繇　拍摄）

（2）**苞芽粉报春** *Primula gemmifera* Batal.

多年生草本。叶基生，多数，叶片矩圆形或矩圆状倒披针形，先端圆钝，基部渐狭成具翅的长柄或近无柄，边缘具细小齿牙。伞形花序 1~2 轮，每轮具 3~15 朵花；花萼卵形或卵状宽钟形，萼齿三角形；花冠高脚碟状，蓝紫色，喉部稍增粗，花冠裂片三角状倒心形，顶端 2 深裂；雄蕊 5；子房扁球形，柱头头状。蒴果卵状椭圆形。花期 6~7 月，果期 7~8 月。

产宁夏六盘山，生于山谷溪边或河滩地。分布于甘肃、四川、西藏和云南。

（3）**胭脂花** *Primula maximowiczii* Regel

多年生草本。叶基生，多数，叶片倒卵状披针形、椭圆状倒披针形或矩圆状倒披针形，先端圆钝或急尖，基部渐狭下延成宽翅状柄或近无柄，边缘具不规则的齿牙。花茎单一，直立，粗壮；伞形花序 1~3 轮，每轮具花 4~15 朵；花萼筒状钟形，萼裂片狭卵形或三角状披针形，先端渐尖；花冠高脚碟状，花冠筒紫红色，花冠裂片线状矩圆形，橘红色，全缘；雄蕊 5；子房椭圆形，柱头头状。蒴果椭圆状圆柱形，顶端 5 齿裂。花期 5~6 月，果期 7 月。

产宁夏六盘山及南华山，生于林下、路边草地或阴坡草地。分布于北京、河北、吉林、内蒙古、陕西和山西。

（4）天山报春 *Primula nutans* Georgi

多年生草本。叶基生，叶片椭圆形、卵状椭圆形或近圆形，先端圆钝，基部圆形或宽楔形，全缘。花茎单一，直立；伞形花序 1 轮，具 2~5 朵花；花萼筒状钟形，萼裂片三角状卵形，先端尖；花冠紫红色，高脚碟状，花冠筒下部细，上部稍增粗，喉部具 1 圈舌状鳞片，花冠裂片倒三角状心形，顶端 2 深裂；雄蕊 5；子房椭圆形，柱头头状。花期 6 月。

产宁夏贺兰山，生于沟谷溪边草甸。分布于黑龙江、内蒙古、甘肃、青海、新疆和四川等。

（5）樱草 *Primula sieboldii* E. Morren

多年生草本。叶基生，叶片卵形或卵状椭圆形，先端圆钝，基部心形，边缘具圆钝缺刻及不规则的圆钝齿。花茎直立；伞形花序 1 轮，具 2~8 朵花；花萼筒状钟形，裂齿三角状披针形或长椭圆状披针形，先端尖；花冠高脚碟状，花冠筒上部稍膨大，花冠裂片倒心形，紫红色，顶端 2 深裂；雄蕊 5；子房上位，圆球形，柱头头状。蒴果圆柱状椭圆形，长 8~10毫米，长于花萼。花期 6~7 月，果期 7~8 月。

产宁夏贺兰山，生于海拔 1400~2600m 林下、灌丛或山谷湿地。分布于黑龙江、吉林、辽宁和内蒙古。

3. 假报春属 *Cortusa* L.

假报春 *Cortusa matthioli* L.

多年生草本。叶片质薄，心状圆形或肾形，基部心形，边缘浅裂，裂片先端圆钝，边缘具钝或稍尖的不规则齿牙。花葶 1~2 条；伞形花序，具 3~10 朵花；花萼钟形，蓝紫色，5 深裂，裂片三角状披针形或披针形，与萼筒等长或稍短；花冠漏斗状钟形，玫瑰红色，5 深裂，裂片椭圆形，先端圆钝或 2 裂；雄蕊 5；子房上位，花柱稍粗，柱头头状。花期 6 月。

产宁夏贺兰山和六盘山，生于山谷水沟边或林下。分布于甘肃、河北、内蒙古、陕西、山西和新疆。

4. 海乳草属 *Glaux* L.

海乳草 *Glaux maritima* L.

多年生草本。茎直立。叶交互对生，较密集，叶片椭圆形、卵状椭圆形、矩圆形或线状矩圆形，先端尖或圆钝，基部渐狭，全缘，两面被腺点。花小，单生叶腋；花萼钟形，粉红色，花萼裂片倒卵状椭圆形或倒卵形，先端圆；雄蕊 5；子房卵形。蒴果近球形，顶端 5 瓣裂。花期 5~6 月，果期 7 月。

产宁夏引黄灌区，生于低洼湿地或轻盐碱地上。分布于安徽、甘肃、河北、黑龙江、吉林、辽宁、内蒙古、青海、陕西、山东、四川、西藏和新疆。

5. 珍珠菜属 *Lysimachia* L.

狼尾花 *Lysimachia barystachys* Bge.

多年生草本。茎直立。叶互生或近对生，矩圆形、矩圆状披针形或披针形，先端尖，稀钝，基部渐狭，边缘全缘，稍反卷。总状花序顶生，常向一侧弯曲，花密集；花萼钟形，萼裂片 5，矩圆形，先端急尖或稍钝；花冠白色，矩圆形，先端钝圆；雄蕊 5；子房卵形。蒴果近球形。花期 7~8 月，果期 8~9 月。

产宁夏六盘山，生于山坡草地、林缘或路边。分布于东北、华北、西北、华中、华东及西南。

一一三 猕猴桃科 Actinidiaceae

1. 藤山柳属 *Clematoclethra* Maxim.

（1）猕猴桃藤山柳 *Clematoclethra scandens* Maxim. subsp. *actinidioides* (Maximowicz) Y. C. Tang & Q. Y. Xiang

攀缘灌木。叶卵形或卵状长椭圆形，先端渐尖，基部近圆形至微心形，边缘具刺毛状细齿；花常单生，花梗细瘦，无毛，中上部具 2 线形苞片，如有 3 花组成花序时，苞片生于总花梗的顶端；萼片 5，卵形或卵圆形，边缘具缘毛；花瓣 5，白色或稍带粉红色，椭圆形；子房圆球形。果近球形，熟时紫红色或黑色。花期 7 月。

产宁夏六盘山，生于海拔 2300~3000m 的山坡杂木林或灌丛中。分布于甘肃、贵州、河南、湖北、青海、陕西、四川和云南。

（2）刚毛藤山柳 *Clematoclethra scandens* **Maxim.**

木质藤本。叶卵形至宽卵形，先端渐尖，基部心形或圆形，边缘具睫毛状细齿。聚伞花序，具 2~7 朵花，通常 3 朵；萼片 5，卵圆形，边缘具缘毛；花瓣 5，白色，宽卵圆形；雄蕊 10；子房扁球形，无毛，花柱顶端稍弯曲，无毛。花期 7 月。

产宁夏六盘山，生于海拔 2100~2500m 的山坡杂木林中。分布于重庆、甘肃、广西、贵州、河南、湖北、青海、陕西、山西、四川、云南等。

2. 猕猴桃属　*Actinidia* Lindl.

（1）软枣猕猴桃 *Actinidia arguta* (Sieb. & Zucc.) Planch. ex Miq.

落叶藤本。髓白色。叶卵形、长圆形、宽卵形至近圆形，先端急尖，基部圆形至浅心形，边缘具细密锐锯齿。花乳白色或淡绿色，萼片 4~6，卵圆形至长圆形；花瓣 4~6，倒卵形或宽倒卵形，1 花 4 瓣的其中有 1 片 2 裂至半；花药黑色至暗紫色；子房瓶状。果实圆球形至长圆形。花期 6~7 月，果期 8 月。

产宁夏六盘山，生于林缘。分布于黑龙江、吉林、辽宁、山东、山西、河北、河南、安徽、浙江、云南等。

（周繇　拍摄）

（2）四萼猕猴桃 *Actinidia tetramera* Maxim.

木质藤本。髓褐色，片层状。叶纸质，通常簇生于小枝顶端；叶片倒卵状长椭圆形或椭圆形，先端渐尖，基部楔形或斜楔形，稀近圆形，边缘具细锯齿。花杂性，3 朵簇生或单生，具芳香，萼片 4，淡绿色，椭圆形或卵状椭圆形，边缘具缘毛，宿存；花瓣 4，稀 5，白色，倒卵状长圆形，先端圆钝，背面无毛，腹面疏被短毛；雄蕊多数；子房扁球形。果实为浆果，长卵状球形。花期 6 月，果期 8 月。

产宁夏六盘山，生于海拔 1850m 的杂木林中。分布于重庆、甘肃、河南、湖北、陕西、四川、云南等。

（朱仁斌　拍摄）

一一四　杜鹃花科　Ericaceae

1. 单侧花属　*Orthilia* Raf.

钝叶单侧花 *Orthilia obtusata* (Turcz.) Hara

常绿草本状小半灌木。地上茎下部叶近轮生，薄革质，阔卵形，较小，先端圆钝，基部近圆形，边缘有圆齿。总状花序较短，4~8 花偏向一侧；花水平倾斜，或下部花半下垂，花冠卵圆形或近钟形；淡绿白色；萼片卵圆形或阔三角状圆形，先端圆钝，边缘有齿；花瓣长圆形，基部有 2 小突起，边缘有小齿；雄蕊 10，花丝细长；花柱直立，伸出花冠；柱头肥大，5 浅裂。蒴果近扁球形。花期 7 月；果期 7~8 月。

产宁夏罗山，生于青海云杉林下。分布于福建、贵州、河北、黑龙江、江苏、吉林、辽宁、内蒙古、陕西、山西、新疆、山西、甘肃、青海和四川。

2. 鹿蹄草属　*Pyrola* L.

（1）圆叶鹿蹄草 *Pyrola rotundifolia* L.

多年生常绿草本。叶簇生于基部，2~8 片，叶片椭圆形、宽卵形或近圆形，先端钝圆，基部圆形或圆楔形，有时微凹，全缘。花葶具苞片 1~3，披针形，先端尖，基部稍抱茎，膜质；总状花序具花 8~10 朵，萼裂片披针形；花瓣倒卵形或宽倒卵形，先端圆；雄蕊 10；花柱上部稍粗大，柱头具不明显的 5 浅裂。蒴果扁球形。花期 7 月，果期 8~9 月。

产宁夏六盘山和贺兰山，生于林下阴湿处。分布于甘肃、河北、江苏、辽宁、陕西、四川、新疆、云南和西藏等。

（2）红花鹿蹄草 *Pyrola asarifolia* Michaux subsp. *incarnata* (de Candolle) E. Haber & H. Takahashi

多年生常绿草本。叶簇生于基部，1~5 片，叶片近圆形或卵状椭圆形，先端圆钝，基部圆形，全缘或有不明显的浅缺刻，叶脉在两面稍隆起。花葶上具苞片 1~2 个，宽披针形至狭矩圆形；总状花序具花 7~15 朵；萼片三角状宽披针形或披针形；花瓣倒卵形，粉红色或紫红色，先端圆，基部渐狭；雄蕊 10。蒴果扁球形。花期 6~7 月，果期 8~9 月。

产宁夏贺兰山，生山谷林下阴湿处。分布于河北、黑龙江、河南、吉林、辽宁、内蒙古、山西、四川和新疆等。

（周繇　拍摄）

3. 独丽花属　*Moneses* Salisb. ex Gray

独丽花 *Moneses uniflora* (L.) A. Gray

多年生常绿草本。叶于茎基部对生，叶片卵圆形或近圆形，先端圆钝，基部近圆形或宽楔形，边缘具细锯齿。花葶单一，细长；花单生于花葶顶端；花萼 5 全裂，裂片卵状椭圆形，先端钝，边缘具睫毛；花冠白色，花瓣 5，平展；雄蕊 10；花柱 5 裂。蒴果下垂，近圆球形，花柱宿存。花期 7 月，果期 8 月。

产宁夏贺兰山，生于海拔 2500~2800m 云杉林下。分布于黑龙江、吉林、山西、内蒙古、甘肃、四川、云南等。

（刘冰　拍摄）

4. 水兰属　*Monotropa* L.

水晶兰 *Monotropa uniflora* L.

多年生草本。全株无叶绿素，白色或淡黄色，肉质，干后变黑褐色。根细而分枝密。叶鳞片状，直立，互生，上部较稀疏，下部较紧密，卵状长圆形或卵状披针形，先端钝头，边缘近全缘，上部的常有不整齐的锯齿。总状花序有 3~8 花；花冠筒状钟形；苞片卵状长圆形或卵状披针形；萼片长圆状卵形，先端急尖；花瓣 4~5，长圆形或倒卵状长圆形，先端钝，上部有不整齐的锯齿，早落；雄蕊 8~10，短于花冠；子房无毛，中轴胎座，4~5 室；花柱直立，柱头膨大成漏斗状，4~5 圆裂。蒴果椭圆状球形。花期 6~7（~8）月；果期 7~8 月。

产宁夏南华山，生于山地针阔叶混交林下。分布于吉林、辽宁、山西、陕西、青海、甘肃、新疆、湖北、四川等。

（刘平　拍摄）

参考文献

程积民 , 朱仁斌 . 2014. 六盘山植物图志 [M]. 北京 : 科学出版社

黄璐琦 , 李小伟 . 2017. 贺兰山植物资源图志 [M]. 福州 : 福建科技出版社

刘夙 , 刘冰 . 多识植物 [OL]. http : //duocet.ibiodiversity.net

马德滋 , 刘惠兰 , 胡福秀 . 2007. 宁夏植物志（上卷）[M]. 2 版 . 银川 : 宁夏人民出版社

朱宗元 , 梁存柱 . 2011. 贺兰山植物志 [M]. 银川 : 阳光出版社

中国科学院中国植物志编辑委员会 . 1984. 中国植物志 , 第二十卷第二分册 [M]. 北京 : 科学出版社

中国科学院中国植物志编辑委员会 . 1979. 中国植物志 , 第二十一卷 [M]. 北京 : 科学出版社

中国科学院中国植物志编辑委员会 . 1998. 中国植物志 , 第二十二卷 [M]. 北京 : 科学出版社

中国科学院中国植物志编辑委员会 . 1998. 中国植物志 , 第二十三卷第一分册 [M]. 北京 : 科学出版社

中国科学院中国植物志编辑委员会 . 1995. 中国植物志 , 第二十三卷第二分册 [M]. 北京 : 科学出版社

中国科学院中国植物志编辑委员会 . 1988. 中国植物志 , 第二十四卷 [M]. 北京 : 科学出版社

中国科学院中国植物志编辑委员会 . 1998. 中国植物志 , 第二十五卷第一分册 [M]. 北京 : 科学出版社

中国科学院中国植物志编辑委员会 . 1979. 中国植物志 , 第二十五卷第二分册 [M]. 北京 : 科学出版社

中国科学院中国植物志编辑委员会 . 1996. 中国植物志 , 第二十六卷 [M]. 北京 : 科学出版社

中国科学院中国植物志编辑委员会 . 1999. 中国植物志 , 第三十二卷 [M]. 北京 : 科学出版社

中国科学院中国植物志编辑委员会 . 1987. 中国植物志 , 第三十三卷 [M]. 北京 : 科学出版社

中国科学院中国植物志编辑委员会 . 1995. 中国植物志 , 第三十五卷第一分册 [M]. 北京 : 科学出版社

中国科学院中国植物志编辑委员会 . 1998. 中国植物志 , 第四十三卷第一分册 [M]. 北京 : 科学出版社

中国科学院中国植物志编辑委员会 . 1997. 中国植物志 , 第四十三卷第二分册 [M]. 北京 : 科学出版社

中国科学院中国植物志编辑委员会 . 1997. 中国植物志 , 第四十三卷第三分册 [M]. 北京 : 科学出版社

中国科学院中国植物志编辑委员会 . 1994. 中国植物志 , 第四十四卷第一分册 [M]. 北京 : 科学出版社

中国科学院中国植物志编辑委员会 . 1996. 中国植物志 , 第四十四卷第二分册 [M]. 北京 : 科学出版社

中国科学院中国植物志编辑委员会 . 1997. 中国植物志 , 第四十四卷第三分册 [M]. 北京 : 科学出版社

中国科学院中国植物志编辑委员会 . 1980. 中国植物志 , 第四十五卷第一分册 [M]. 北京 : 科学出版社

中国科学院中国植物志编辑委员会 . 1999. 中国植物志 , 第四十五卷第三分册 [M]. 北京 : 科学出版社

中国科学院中国植物志编辑委员会 . 1981. 中国植物志 , 第四十六卷 [M]. 北京 : 科学出版社

中国科学院中国植物志编辑委员会 . 1985. 中国植物志 , 第四十七卷第一分册 [M]. 北京 : 科学出版社

中国科学院中国植物志编辑委员会 . 2002. 中国植物志 , 第四十七卷第二分册 [M]. 北京 : 科学出版社

中国科学院中国植物志编辑委员会 . 1982. 中国植物志 , 第四十八卷第一分册 [M]. 北京 : 科学出版社

中国科学院中国植物志编辑委员会 . 1984. 中国植物志 , 第四十九卷第二分册 [M]. 北京 : 科学出版社

中国科学院中国植物志编辑委员会 . 1990. 中国植物志 , 第五十卷第二分册 [M]. 北京 : 科学出版社

中国科学院中国植物志编辑委员会 . 1991. 中国植物志 , 第五十一卷 [M]. 北京 : 科学出版社

中国科学院中国植物志编辑委员会 . 1999. 中国植物志 , 第五十二卷第一分册 [M]. 北京 : 科学出版社

中国科学院中国植物志编辑委员会 . 1983. 中国植物志 , 第五十二卷第二分册 [M]. 北京 : 科学出版社

中国科学院中国植物志编辑委员会 . 2000. 中国植物志 , 第五十三卷第二分册 [M]. 北京 : 科学出版社

中国科学院中国植物志编辑委员会 . 1990. 中国植物志 , 第五十六卷 [M]. 北京 : 科学出版社

中国科学院中国植物志编辑委员会 . 1989. 中国植物志 , 第五十九卷第一分册 [M]. 北京 : 科学出版社

中国科学院中国植物志编辑委员会 . 1990. 中国植物志 , 第五十九卷第二分册 [M]. 北京 : 科学出版社

中国科学院中国植物志编辑委员会 . 1987. 中国植物志 , 第六十卷第一分册 [M]. 北京 : 科学出版社

中国科学院中国植物志编辑委员会 . 1979. 中国植物志 , 第六十四卷第一分册 [M]. 北京 : 科学出版社

中国科学院中国植物志编辑委员会 . 1986. 中国植物志 , 第七十三卷第一分册 [M]. 北京 : 科学出版社

Wu Z Y, Raven P H. 1999. Flora of China: Vol. 4[M]. Beijing: Science Press and Missouri Botanical Garden

Wu Z Y, Raven P H. 2003. Flora of China: Vol. 5[M]. Beijing: Science Press and Missouri Botanical Garden

Wu Z Y, Raven P H. 2001. Flora of China: Vol. 6[M]. Beijing: Science Press and Missouri Botanical Garden

Wu Z Y, Raven P H. 2008. Flora of China: Vol. 7[M]. Beijing: Science Press and Missouri Botanical Garden

Wu Z Y, Raven P H. 2001. Flora of China: Vol. 8[M]. Beijing: Science Press and Missouri Botanical Garden

Wu Z Y, Raven P H. 2008. Flora of China: Vol. 11[M]. Beijing: Science Press and Missouri Botanical Garden

Wu Z Y, Raven P H. 2007. Flora of China: Vol. 12[M]. Beijing: Science Press and Missouri Botanical Garden

Wu Z Y, Raven P H. 2007. Flora of China: Vol. 13[M]. Beijing: Science Press and Missouri Botanical Garden

Wu Z Y, Raven P H. 2005. Flora of China: Vol. 14[M]. Beijing: Science Press and Missouri Botanical Garden

Wu Z Y, Raven P H. 1996. Flora of China: Vol. 15[M]. Beijing: Science Press and Missouri Botanical Garden

Wu Z Y, Raven P H. 1995. Flora of China: Vol. 16[M]. Beijing: Science Press and Missouri Botanical Garden

Wu Z Y, Raven P H. 2011. Flora of China: Vol. 19[M]. Beijing: Science Press and Missouri Botanical Garden